日本環境史概説

井上 堅太郎

大学教育出版

まえがき

　本書は、日本がどのような環境問題に直面してきたか、また、起こった環境問題にどのように対処してきたかについて、大学で講義するために作成し、学生諸君に配布してきた数年間の資料を基にしている。明治時代から今日までの約130年間を対象とし、年代ごとに、また、主要環境課題ごとに分けて書いている。明治時代から第二次世界大戦前までの日本は、ごみ・し尿処理、森林・野生生物の保護、都市型の大気汚染・水質汚濁、銅製錬を含む鉱工業活動と環境汚染などの諸問題に直面し、さまざまな取組みを行っているが、それらの中には戦後の環境問題への取組に影響を与えているものがある。

　戦後については、水俣病、イタイイタイ病、四日市喘息などの公害病が発生するなどに代表される環境汚染や高度経済成長期にさまざまな開発によって海岸の埋立て、その他の自然破壊が起こったこと、また、それらにどのように対処してきたかについて書いている。そして、1980年代頃以降に環境政策課題となった地球環境保全、循環型社会形成を取り上げ、加えて環境分野の国際協力、環境と事業活動について取り上げている。国際環境協力を取り上げたのは筆者自身が最近10年ほどの間、JICA（国際協力機構）の技術協力に関わらせていただいた経験によっており、また、環境と事業活動を取り上げたのは事業活動のあり方が今後の環境政策と重要な関係があると考えたからである。そうした経緯から現在の環境政策の枠組みが構築されていることをまとめて書いている。

　地球環境保全のための対応など、最近の20年ほどのできごとを環境史として書くことは少しためらわれたし、それ以上に、こういう本を出版すること自体がやや向こう見ずではないかとも思ったが、学生諸君の教科書として使ってもらうこと、また、明治時代以降の日本の環境をめぐる経過を大雑把に見てみ

ようとする一般の方々に参考にしてもらうこと、さらには環境に関わっている者の一人として環境に対する価値観がより高まっていくための一助となることを旨としている点をご理解いただき、不都合を看過していただくとともに、ご意見、ご助言などをいただければ幸甚である。

　末筆ながら本書の出版を支援して下さった大学教育出版の佐藤守氏、安田愛さんに感謝申上げる。

2006年7月

岡山理科大学　井上堅太郎

日本環境史概説

目　次

まえがき……………………………………………………………………………… i

第1章　日本の近代化と環境問題……………………………………………… 1
 1－1　明治〜昭和初期の東京・大阪の環境汚染問題　*1*
 1－2　東京・深川の「浅野セメント降灰事件」
    および大阪の「大阪アルカリ事件」など　*7*
 1－3　明治・大正・昭和初期の銅製錬と公害問題　*9*
 1－4　明治時代から第二次世界大戦頃までの自然保護　*11*
 1－5　明治時代以降の近代化と環境問題　*14*

第2章　環境問題の顕在化……………………………………………………… 16
 2－1　戦後復興と環境側面　*16*
 2－2　戦後の環境政策の状況　*18*
 2－3　東京・横浜喘息と四日市喘息　*21*
 2－4　水俣病とイタイイタイ病　*24*
 2－5　地盤沈下　*28*
 2－6　農作物、水産物等への被害　*29*
 2－7　公害に関する紛争、苦情等　*32*
 2－8　自然環境等への影響　*33*

第3章　地方の動向と公害反対運動等………………………………………… 35
 3－1　各地の公害紛争　*35*
 3－2　工業立地に対する反対運動等　*38*
 3－3　公害訴訟等　*39*
 3－4　地方における条例の制定及び環境行政組織の整備等　*42*
 3－5　地方自治体等と企業の間の公害防止協定　*45*
 3－6　基本的な理念、施策の必要性　*46*

第4章　公害対策基本法の制定と施策の展開……………………48
 4－1　公害対策基本法の制定と「公害国会」及び環境庁の発足　48
 4－2　公害、環境基準および公害規制　52
 4－3　公害被害救済と公害紛争処理　54
 4－4　公害の未然防止施策等　55
 4－5　事業者への融資等　57
 4－6　公害対策基本法と地方公共団体との関係　58
 4－7　公害対策基本法の役割の限界　59

第5章　国民意識の変化と公害健康被害補償・公害紛争処理……………62
 5－1　国民の公害に対する意識の変化　62
 5－2　公害健康被害の補償　64
 5－3　大気汚染系の健康被害補償の見直し　68
 5－4　大気汚染公害訴訟　70
 5－5　水俣病訴訟　72
 5－6　公害紛争処理　74
 5－7　公害苦情処理　78
 5－8　公害病等の経験から知られるもの　79

第6章　自然環境保全とアメニティ……………………81
 6－1　戦後の復興期及び高度経済成長期における自然環境　81
 6－2　第二次世界大戦後の自然保護と自然環境保全法の制定　84
 6－3　自然環境保全基本方針及び自然保護憲章　86
 6－4　アメニティをめぐる議論と景観の保全　88
 6－5　自然環境の現状等　89
 6－6　ワシントン条約への対応と国内法整備　92
 6－7　1990年代以降の日本の自然保護の動向　94

第7章 廃棄物処理と資源リサイクル……………………………………97
- 7-1 廃棄物の排出量の増加及び処理　*97*
- 7-2 廃棄物処理法と制定後の改正・規制強化等　*99*
- 7-3 資源リサイクル　*103*
- 7-4 循環型社会形成推進基本法と循環型社会への志向　*107*

第8章 環境影響評価……………………………………………………112
- 8-1 日本における環境影響評価制度の形成概要　*112*
- 8-2 公共事業等に関する行政指導レベルの環境影響評価　*114*
- 8-3 環境影響評価法　*118*
- 8-4 地方条例等による環境影響評価　*123*
- 8-5 戦略的環境影響評価　*125*

第9章 地球環境保全と日本の対応……………………………………127
- 9-1 1970年代後半から90年代における社会経済の動向　*127*
- 9-2 「人間環境宣言」、「ナイロビ宣言」およひ「リオ宣言・持続可能な開発」　*129*
- 9-3 1980～90年代の日本の各界の動きと環境基本法　*131*
- 9-4 オゾン層保護への取組　*133*
- 9-5 地球温暖化防止への対応　*134*

第10章 日本の環境分野における国際的な協力………………………139
- 10-1 日本による技術協力の始まり　*139*
- 10-2 環境分野の国際協力の経緯　*140*
- 10-3 環境分野の技術協力及び円借款　*145*
- 10-4 途上国支援と環境配慮　*149*
- 10-5 条約等による国際環境協力　*152*

第11章　環境と事業活動等……………………………………………155
- 11-1　1960年代における産業界の環境政策に対する考え方等　*155*
- 11-2　事業活動と汚染物質排出規制　*157*
- 11-3　事業活動と公害防止投資および環境ビジネス　*161*
- 11-4　持続可能な開発と事業活動　*165*
- 11-5　自主的な対応の動向の拡大　*167*

第12章　環境政策の形成過程……………………………………………171
- 12-1　環境基本法と環境政策の枠組　*171*
- 12-2　国における環境立法と環境行政　*174*
- 12-3　地方自治体における環境行政等　*177*
- 12-4　環境政策と事業者　*181*
- 12-5　環境政策と国民　*182*
- 12-6　環境政策の形成過程　*183*
- 12-7　環境政策の形成過程の総括とこれからのあり方　*190*

日本環境史概説年表……………………………………………………*197*

参考図書・引用文献等…………………………………………………*213*

索　引……………………………………………………………………*223*

第1章
日本の近代化と環境問題

1－1　明治～昭和初期の東京・大阪の環境汚染問題

(1) ごみとし尿

　江戸時代の江戸は18世紀の前半頃には100万人を超える当時の世界の大都市の一つであった。こうした大都市は一般的には、し尿の処理に困難を来すのであるが、江戸では、し尿を農地に還元する世界でも珍しいシステムによって処理されていたことが知られている。一方、ごみについては、現代社会が見習うべきかなりよく整った仕組によって、再利用、再生利用などが行われていたことが知られている。また、捨てねばならないごみについては、17世紀半ば頃までに市民負担による収集・運搬・処分の仕組が整えられ、ごみ取り請負人に金を支払って処理してもらう請負処理が行われ、最終処分については東京湾（永代浦）に投棄する方法などによって処理されていた。

　明治初期の東京は江戸時代からのごみ、し尿処理の仕組が継承された。し尿は肥料として利用された。ごみについては、清掃事業者が有価である生ゴミ、ワラなどを肥料になるものとして回収し、燃えるものは湯屋で利用する燃料として回収された。処理しきれないごみが道路の補修にあたって埋められた。江戸時代からそうであったように、ごみはし尿とは異なり、金を支払って処理してもらわねばならないものであった。また、コレラなどの流行がほぼ毎年にわたって繰り返される状態の中で、し尿とともにごみも適正に処理することが必

要と考えられるようになった。1900年頃の時点でごみは、主に埋立処分か肥料転用により処分されていた。

明治時代のコレラの流行に対処するについては、下水道の敷設の必要性が主張され、実際に1884年には東京・神田の一部で着工されたが中断状態となり、むしろ工事費の安い上水道の敷設が優先され、下水道敷設は明治末期になって再開された。大阪では下水道の敷設が予算の面から制約を受けやすく、上水道の敷設が優先される傾向にあったことから、下水道の敷設を「上水道布設事業の付帯工事」とすることで財政上の工夫をし、予算を確保して1894年に下水道工事が始められた。1899年に仙台市、1907年に神戸、函館市、1908年に名古屋市、広島市、1910年に岡山市などのように、明治末期頃までには主要な市で下水道建設が行われるようになった。

1900年には「汚物掃除法」、「下水道法」が制定された。この二つの法律は当時の内務省衛生局長の後藤新平のもとで策定作業がなされ、5名の委員からなる「中央衛生会」に諮問して調査し、政府案を議会に提案、可決されて制定された。下水道法は、市が下水道を敷設する場合には設計・工費の収支予算、工事期間を付して内務大臣の認可を受けるべきこと、土地所有者・使用者・占有者は汚水、雨水を下水道に流せるようにすること、排水設備を他人の土地を通過させることができること、内務大臣が市に下水道の築造を命じることができることとした。また、汚物掃除法の施行規則において、公共下水道が敷設された地域には汚物掃除法を適用しないこととした。

汚物掃除法は土地所有者、占有者等に汚物の掃除、清潔の保持の義務があるとし、また、市及び汚物掃除法を準用するとする町村について、市及び（法を準用する）町村が汚物掃除、清潔の保持、収集汚物の処分の義務があるとした。施行規則では、ごみについてはなるべく焼却するとされた。また、汚物掃除法はし尿については、当分の間は市などによる処理義務を適用しないとした。これによるごみ処理について、東京市（当時）の例では当初の段階では市が業者に請負させるシステムがとられたが、種々の不都合から1912年には一部の地域で市による直営化が行われ、1917年までに市内全域で直営化された。収集されたごみは露天焼却がなされたが、ごみは水分が多く、腐敗も進み焼却は困難

を極めたらしい。焼却場を建設するについては、地元の反対のためになかなか建設に至らず、東京市営の最初のごみ焼却場が完成したのは1929年であった。一方、日本で初めてごみ焼却場が建設されたのは1898年の敦賀市で、全国的には東京市よりも早く焼却場を持つ市があったようである。(「東京都清掃事業百年史」)

「東京都清掃事業百年史」は1900年から昭和初期の1930年頃の間の東京市の人口とごみの排出量のデータをグラフで示している。この資料から計算するとおおよその当時の排出量として、1人当たり約300g／日（1900年）から約450g／日（1930年）と計算される。し尿処理については、第一次世界大戦頃から東京では少しずつ有価肥料・農業還元のあり方に変化が生じた。人件費の値上がり、市街地の人口増加、し尿による消化器系伝染病・寄生虫の蔓延などが心配されるようになり、さらには人糞肥料による野菜類が敬遠されるようになった。1919年には東京市中心部で業者による汲取りの有料化が一部で実施されるようになったが、汲取り料金が高騰するような事例があったことから、同年には市も汲取りを行うようになった。市による汲取りは区域を少しずつ拡大し、これにより業者による料金高騰は抑制された。

1930年には汚物掃除法と同法の施行規則が改正された。施行規則の改正によって、従前は「塵芥ハ可成コレヲ焼却スベシ」とあったが、この「可成」が削除された。ただし、特別の理由があれば焼却以外の処理ができるとした。また、し尿の処理について、1900年の施行規則においては市及び（法を準用する）町村に対して処理責任の適用猶予がなされていたが、改正により処理責任が明確となった。しかし、特別の理由があれば処分をしなくてもよいとされた。

(2) 大気汚染

大気汚染について、明治・大正期から、第二次世界大戦前にかけて、大阪府において取組が行われたことが知られている。大阪府は1883年頃からばい煙、その他の公害の苦情が訴えられるようになり、1888年に旧市内の煙突を必要とする工場の建設の制限を行った。1911年には大阪府知事を会長とする「ばい煙防止研究会」が発足した。その頃に大阪府警察部により一般工場のボイラー

900個のうち120個に煤煙防止器を設ける指令が出された。また、大阪の新聞などにおいてばい煙問題がよく取り上げられたという。1917年頃の大阪には2,000ほどのボイラーが設置されていたが、1927年に大阪市は、市長を中心とする「大阪ばい煙防止調査委員会」を発足させ、調査結果をもとにばい煙防止規則の制定を内務大臣、大阪府知事に建議し、1931年には「大阪府ばい煙防止規則」が制定され、施行された。この規則では排煙の色の濃さをもって識別し（「リンゲルマンチャート」と呼ばれる標準濃度表により煙の濃度を見分ける方法）、規制する方法が採られ、違反者を勾留あるいは科料を科する規則であった。（浅川、三浦）

明治・大正期の東京では、大阪府ほどのばい煙に対する取組みは見られなかったが、第一次世界大戦を通じてばい煙の問題は東京市に広く影響を及ぼすようになったようで、健康への影響の記述が見られるようになり、「煙」は健康に影響するものとの見方が一部に見られるようになった（「公害と東京都」）。

実際の汚染のレベルについては、1922～1923年の大阪市の13か所のうち最大1.54mg／m^3、平均で1.05mg／m^3程度（浮遊塵量）、1929年頃の東京市内の1mg／m^3程度（浮遊煤塵量）の測定値であった（三浦）ので、両市の汚染のレベルは今日のレベルに比較すればかなり高いレベルであったようである。

当時の一般的な大気汚染に対する見方について、1914年に大阪府知事から諮問を受けた大阪商業会議所は「ばい煙防止は完全を期し難く、之を強うれば工場閉鎖が続出する」と答申し（三浦）、東京の大気汚染について、1918年頃の資料では、「富みの前には、市民の健康も趣味も蹂躙し去る今日の社会では仕方がない」（「公害と東京都」）といった記述がなされた例があったように、当時の日本社会では煙は経済的、工業的な繁栄を象徴するように見られていた。

「公害と東京都」は1924～1936年までの間の警視庁・石井氏の報告を紹介している。これによれば寄せられた246件の陳情について、1931年以降の陳情が急増していること、公害原因について騒音が最も多く、次に悪臭・有害ガスが多いこと、などが報告されている。また、この報告書では、1931年4月に、約1万人の住民が北多摩郡田無町の中島飛行機製作所田無発動機試験所に、「数里四方になりひびき、住民が安眠できない」（「公害と東京都」）として騒音対策を

求めて陳情し、その後数十回の交渉の後、会社側が消音装置を取り付けることによって1935年に一応の解決を見た事例、1933年に住民・漁民810名が東京硫酸（株）の工場設置に反対陳情し、会社側が工場建設をあきらめて別の地に立地することになった事例、1933年に振東工業（株）工場が焼失し、かねてから工場のホルマリンの悪臭・催涙に悩まされていた付近住民298名が再築反対陳情を展開して、会社が工場の移転を計画して解決した事例、などが紹介されている。

東京では、1934年に「ばい煙防止デー」が開かれて注意を喚起しようとした事例がある。1936年頃に東京では市街地建築物法施行規則による「煤煙の発散せざる装置の設備を命ずることを得」との規定など細かい制限が付けられていたが、実際には1935年10月に15m以上の煙突が東京府に8,747本存在しており、規則に沿った対応は困難であったようである。（「公害と東京都」）

(3) その他の環境問題

第一次大戦は東京の工業生産に大きな影響をもたらし、同時にその頃から水質汚濁の被害が現出し始めている。東京府水産試験場の報告書では、1922～1925年にかけて藤倉電線（株）の銅線の硫酸処理に伴う工場排水の中和処理が十分でなかったために付近の河川の水産物に大きな被害をもたらし、これに対して除外設備の完備を要望して事態が緩和された事例があった。1924年頃から実施された隅田川河口改良工事に伴う混濁によって、海苔・魚貝への被害が発生した。工場排水による水質汚濁事件として、1929年の東京瓦斯大森工場によるタール・硫酸排水による事件、1931年の江戸川石油工場排水による事件、1936年の仙波製紙工場による製紙排水排液による事件などがあった。1936年頃から多摩川の水質汚濁は工場排水、下水などにより夏期に腐敗による硫化水素の発生と酸素欠乏を起こすようになった。（「公害と東京都」）

騒音について、明治時代の1881年2月に、警視庁布達による違警罪により12時以降は歌舞音曲等の他人の安眠の妨げとなることを禁じるとされた。同じ主旨で1911年の工場法、1919年の都市計畫法、1919年の市街地建築物法が騒音に関係する取り締まりができること、また、1929年の警視庁令「工場取締

規則」が工場騒音について取り締まることができることなどの法的規制がなされた。1937年には工場取締規則が改正されて「震動」などの規制を含めた。同年の1937年には「高音取締規則」による規制がなされることとなったが、この「高音」については、「ラジオ、蓄音機、太鼓、拍子木ソノ他ノ楽器等」による音を対象としている。1943年の警視庁令「工場公害及災害取締規則」は工場設置場所の制限、騒音を含む公害、災害一般を防止しようとするものであった。（同）

地盤の沈下が東京で見られるようになったのは明治末期頃であるが、1920年頃から次第に増加、1930、1931年に測量された結果では、江東の中央部で年間15〜17cmの沈下が知られ、隅田川、荒川放水路に囲まれた地域で北千住あたりまでに年間最大18〜19cmの沈下が起こっていた。（同）

（4）第二次世界大戦前の東京市のごみ・し尿

東京の例によれば、昭和初期頃からごみ処理のための焼却場の整備が徐々に進んだ。1930年代の中頃までには10数か所の焼却場が設けられた。しかし、全部のごみを焼却する能力に及ばず、残りは東京湾に埋立処分され、埋立地では露天焼却も行われた。一部は養豚事業の飼料に充てられた。し尿の汲取りについては、1930年の汚物掃除法施行規則の改正により市、法を準用する町村の義務とされたが、東京市が一部の区域を除いて市営で汲取りを行うようになったのは1936年になってからであった。「市営」は市による直接汲取りの他に、業者委託がなされ、また、農業者による直接汲取りも行われた。なお、東京市では1933年に業者による汲取りについて許可制度を導入した。汲取られたし尿は多くが農村に肥料として持ち込まれ、ごくわずかな量が浄化処理にまわされるにすぎなかった。1935年には専用の海洋投棄船による海洋投棄が行われるようになった。

第二次世界大戦の時代に入ると、労働力不足、資金・資材不足により、東京のごみ、し尿処理は大きな影響を受けた。ごみの分別・再利用が推奨され、推進された。1942年の東京市「市政週報」は「ごみを半分に減らして下さい」と市民に呼びかけ、資源回収、家庭内処理の方法を例示している。戦時下のし尿

の処理については、農村において肥料として重用されたが、輸送手段の確保について困難に直面した。農家による汲取り、船舶による輸送の他に、一部は鉄道輸送による農村地域への輸送が行われた。し尿が重要な肥料資源として使われる状態は第二次世界大戦後もしばらくは続いた。(「東京都清掃事業百年史」)

1−2 東京・深川の「浅野セメント降灰事件」および大阪の「大阪アルカリ事件」など

　東京における明治、大正期にかけての公害事件として「浅野セメント降灰事件」がある。三浦の著書より要約するとおおむね以下のような事件であった。1875年に東京・深川で官営のセメント工場が完成し、1883年に民間に払い下げられて、浅野セメント深川工場として引き継がれた。その後、煙害を訴える住民の声が大きくなっていったが、1903年には回転窯が導入され、さらにそれが増設され、住民の苦情が一層強くなり、被害住民が組織的に会社側に対処するようになっていった。1911年3月13日の朝日新聞は浅野セメントに移転を求める記事を掲載した。同年3月21日に衆議院に対して提出された質問主意書は、住民に呼吸器病に罹る者が多いなどの健康被害を指摘した内容を含むものであった。同年3月27日に、会社は工場を1916年末までに移転することを約束した。工場側の事情から移転期限について1年間の延長が合意された後、工場側が電気集塵技術による対策を導入し、移転期限直前の12月18日に試運転を行ったところ効果がよいとの結論に至って、住民側が移転要求を撤回した。(三浦)

　浅野セメントは、深川の工場移転に対応した新しい工場として川崎に新工場の立地、建設を進めていた。深川工場の移転はなされなかったのであるが、新工場については住民から反対運動が起こっていた中で1917年に完成、1920年には第二工場も完成した。川崎のあたりには、この工場だけでなく1914年には日本鋼管の工場が立地するなどの工業化が進んでいた。セメント工場はここでも降灰による被害を生じさせた。降灰による稲、養殖の貝類への被害が起こったという。他にも工場が進出している中でこの工場が問題とされたのは集

塵対策を採らないセメント工場の粉じんの激しさによるものと推定される。1926年に電気集塵機が第一工場にのみ設置されたが、第二工場には設置されず被害は続いた。見舞金の支払、政府による調停などによる対応がなされたが、やがて第二次世界大戦を迎える事態の中で取り上げられることのない問題となっていった。（三浦）

　大阪の「大阪アルカリ事件」は1916年に大審院判決のなされた民事訴訟事件であった。硫酸製造、銅製錬などを行う大阪アルカリ（株）の排煙によって、工場から最も近いところでは200mほどの農地で1906年に稲、1907年に麦について、収穫ゼロ、あるいは甚大な減少を受けたとして、農民37名が工場を相手に損害賠償請求をし、原判決では、化学工業に従事する会社では有害物質の排出やその人畜への害が起こることを知らないはずはないので、それを知らないということは調査研究を不当に怠った過失がある、として会社に不法行為者として損害賠償責任があるとされた。この判決の後、被告側から控訴がなされ、大審院判決では、原判決を破棄して、発生源側が相当な設備をした場合には損害賠償責任をしなくてもよいという主旨の判決を行って差し戻された。この判決ではどの程度であれば損害賠償責任を伴わないかについては示されなかったが、最終的には1919年に差戻後の控訴院判決において工場の設備が十分ではなかったとして会社側の賠償責任を認める判決を行った。（下森、河合）

　同じ頃の大阪で、別の大気汚染による農作物被害について大阪控訴院判決がなされた事例があるが、この例では燐酸肥料、燐酸肥料製造に必要な硫酸製造等を行う「多木肥料工業」の工場主が、1912年の稲作に被害があったとして、損害賠償を求めた44名の農民により訴えられた。判決では工場主に損害賠償責任があるとして原告側の訴えが容認された。（河合）

　こうした事例から知られるのは、明治期以降の近代化、工業化の中で環境汚染が発生していたこと、環境汚染の発生源と周辺の住民との間で軋轢が生じていたこと、地域のレベルではあるが対応策が模索されたこと、さらには一部の事例で民事訴訟が提起されたこと、民事訴訟判決により損害賠償責任が認められた事例があったことである。

1-3 明治・大正・昭和初期の銅製錬と公害問題

　明治・大正期の環境汚染としてよく知られるのは「足尾鉱毒事件」である。三浦の著書によれば、足尾銅山は1610年に発見され、1611年に幕府の直轄鉱山になった。江戸城、日光東照宮、芝増上寺などの銅瓦は足尾の銅を使用したという。1662年から6年間、毎年銅9万貫（1貫は3.75kg）、1679年から2年間は35～40万貫を産出した。長崎からオランダ、中国へ輸出される銅の20％は足尾で産出されたものであった。1700年代に入ると産出量が減って、1736年には幕府の御用山を免ぜられたが、細々と銅、硫酸銅生産は続けられていた。（三浦）

　明治時代に民間に払い下げられ、野田彦三、福田欣一と経営権が移った後に、1877年古河一兵衛、相馬家の志賀直道の二人の組合経営に移った。当初の経営は思わしくなかったが、1884年に大きな鉱脈を発見し、生産量は急増した。経営権は古川、相馬に加えて、渋沢栄一が共同経営に加わったが、1888年には古川が経営権を手に入れた。1890年頃には年間生産量が9万t前後に達し、当時の日本の銅生産量の約40％を生産した。（三浦）

　良好な銅鉱石に恵まれた銅生産が進んだが、銅製錬に伴う大気汚染物質の硫黄酸化物が大量に排出され、鉱山周辺の森林を枯死させて「はげ山」にした。1900年頃の記録として、作業労働者等の呼吸器病による死亡数が死亡患者の30％を超えたと報告された例があった。水質汚濁については1880～1881年頃には魚の斃死などが問題となり始めた。1883年頃には下流の農地で不作になり、1889年には洪水の後に下流の地域は不毛状態となった。1890年には下流の村の議会（足利郡吾妻村）が銅山の採掘禁止を知事に上申した。1890年に栃木県から選出された代議士・田中正造は翌年には議会で足尾の問題を質問している。また、調査も行われており、1890～1892年頃にかけて行われた調査では、水が飲用に適しないこと、田圃の被害が土壌中の銅にあること、こうした原因が足尾鉱山にあることなどが報告された。1899年の例では、被害地と無害地、さらには全国の死亡数について比較した「疫学」的な調査結果があり、そこでは被害地の死亡数が多いとの報告がなされている。（三浦）

洪水は繰り返され、1900年2月13日には、農民約2,500人が上京・誓願のために「上州川俣」まで来たところで警官に阻止され、60数名が逮捕される事態となった。足尾銅山に近い松木村、下流の谷中村は消滅することとなった。松木村では1980年代中頃から銅山の煙害を受けるようになり、1901年には最終的に残っていた住民が土地を売り渡して、離村した。谷中村は、遊水地を設けて上流からの水を貯水することによって渡良瀬川、利根川の洪水調節をしようとの計画から、土地の買収計画が進み、最後まで残った住民の家屋について1906年に強制破壊が行われて、谷中村は遊水地となった。(三浦)

日立村の赤沢鉱山については1640頃から採掘が行われていた。1905年に久原房之助が買収し、鉱山は日立村にあったので日立鉱山とされた。それ以前には小規模な銅産出が行われていたが、久原によって本格的に採掘と製錬が行われるようになり、山林、農作物に煙害が広がるようになった。1907年頃には足尾銅山の問題は広く知られるようになっており、この地域にも伝わっていたために、住民による煙害に対する対応策が模索されるようになった。1912年には被害は周辺の4町24村に及ぶようになり、同年に関右馬允(せきうまのじょう)が被害地域の入四間村煙害対策委員に就任した。当時、銅山側では角弥太郎・庶務課長が鉱害問題に対応するための部署を設け、人材を配置して煙害の調査をさせたが、関と角の間には信頼関係のようなものが醸成された。1912年に政府が当時の四大鉱山に対して煙塵の捕集と亜硫酸ガスの希釈排出を指令し、これに対応して鉱山は1913年に希釈するタイプの煙突を建設するが煙害は減らなかった。経営者の久原は高煙突の建設を発想し、1914年に155.7mの煙突が完成して使用されるようになり、被害が減少した。関は農作物被害だけでなく、森林被害についても鉱山側に対応を求め、1922年から苗木の無償提供が行われるようになり、一つの集落はこの提供を放棄したが、残る二つの集落では1933年までの15年間にわたって森林の回復がなされた。足尾銅山の例とは異なり、日立の事例は鉱山側が住民の言い分に対応し、また、高煙突の建設に踏み切るなどの当時としては画期的な対策を実施したことについて特徴が見られた。(三浦)

愛媛県の別子銅山は1690年に発見された。住友家が幕府から採掘の認可を

受けて採掘、製錬を始めた。1884年から新居浜村に新しい製錬所の建設が始まり、その後新居浜での精錬が増加し、1893年には専用鉱山鉄道が開通してさらに増産されるようになった。1893年には新居浜村などで水稲への被害が発生し、農民から被害補償の要求がなされるようになり、9月には相次いで村民が製錬所に押しかけるに至った。1894年には数百人が製錬所に押しかけ、警官に負傷者が出る事態となり、押しかけた住民のうちの一部は拘束された。1897年には公的に被害が製錬所によるものと認められるに至り、1898年には大阪鉱山監督署が、工場側が既に買収していた四阪島に移転促進をするよう命じた。1904〜1905年にかけて四阪島の製錬所が完成、稼動し、新居浜の製錬所も廃止された。四坂島は最も近い島まで約10km、対岸の四国の新居浜、今治あたりまで約20kmの距離があったが、操業後直ぐに煙害を発生させた。1904年には既に煙害が見られ、それが沖合の島から来るものと認識されなかったが、1906年には発生した農業被害について煙害によるとする被害者により、関係方面への陳情がなされるに至った。煙害は毎年発生し、1908年には被害状況を視に来た住友の関係者が越知郡（愛媛県）の1,000人以上の農民に取り囲まれる事件、周桑郡（愛媛県）の農民が農民大会を開き大挙して新居浜鉱業所にデモ行進した事件が発生した。1909年には国会でも取り上げられるに至り、全国に知られるようになった。県、政府機関による調査が進められ、1910年には、県、政府機関による問題解決が画策され、11月に補償金の支払をはじめとする煙害対策について農民側、工場側の契約が結ばれるに至り、同契約は3年ごとに更新された。その後工場側による大気汚染防止対策は継続的に行われ、1924年には海上108mの高煙突が建設され、1939年には排ガスをアンモニアで中和する施設による排ガス処理が行われるようになり、問題が解決されることとなった。（浅川、「20世紀の環境史」）

1－4 明治時代から第二次世界大戦頃までの自然保護

1869年の版籍奉還により、江戸時代の藩の領有地が国有地となり、その後1872年に「官有地払下規則」により払い下げが行われるようになった。これに

より民有林が増えて乱伐が行われるようになり山林の荒廃が起こった。1873年には大蔵省が山林について払い下げを行うにあたっての配慮に関する調査を行った。1876年には「官林調査仮条例」を定め、水源涵養、風致、名所旧跡等のために必要な官林を禁伐林として保護することとした。また、1883年には民有森林についても、伐採により支障を来すようであれば伐採停止林とすること、伐採停止林で伐採を行うについては許可を要することとした。1897年には「森林法」が制定され、「保安林」が規定された。それまでの禁伐林、伐採停止林は自動的に保安林に組み込まれた。(宮崎)

この法律は今日の森林法において、水源涵養、土砂の流出・崩壊防止、飛砂の防備、風害・雪害防止等、なだれ・落石防止等、火災防備、魚つき、航行目標、公衆保健、名所・旧跡・風致保存などを目的に保安林を指定する制度として引き継がれている(森林法第25条)。

1915年に「保護林設定に関する件」(山林局長通牒)が出され、国有林の内部について、原生林等の学術上の価値、景勝地・名勝地の風致の保持・助長、公衆の享楽地、高山植物、学術研究等に必要な鳥獣繁殖地等の8項目に該当する山林を、保護林として保護する制度が設けられた。これにより1915年に最初の保護林が設定され、1932年において93か所、約10万8,000haが指定されていた。1931年に国立公園法が制定されて保護林指定による保護の必要性がなくなった地区については、指定が解除された地域もあった。この制度は第二次世界大戦後も引き続いて維持された。1973年に当時の自然保護の機運の高まりの中で保護林の全国的な見直し、編入が行われ、さらに1988年に保護林の体系的な再編が行われた。現在は824か所、約62万haが指定されている。(宮崎、林野庁資料)

江戸時代の鳥獣は、殺生を戒める仏教の教えと封建制度のもとで比較的よく保護されていたと考えられている(柳沢)。明治時代に入ると、1872年に国産の「村田銃」が市販されて銃が普及するようになり、鳥獣が捕殺されるようになった。1873年には鳥獣猟規則が公布されて銃猟に対する課税措置、銃猟の免許制、銃猟期間の設定、毒餌使用禁止などの措置がとられた。当時の状況についてであるが、1873年にエゾシカ5万5,000頭、1875年に7万6,000頭が捕殺され、

その数は激減した。1887年頃には北海道のツルが絶滅の危機に瀕した（品田）。1878年から1888年の間に1,566頭のオオカミが捕殺され、1905年には絶滅した（品田）。1887年に山口県は県命によりツルを禁猟とした。北海道では1888年にエゾシカ、1889年にツルが捕獲禁止とされた（品田）。後に2003年には絶滅することとなった日本産の「トキ」を絶滅に追いやることとなったのは明治時代の狩猟に遠因があるとされ（近辻）、また、その他のタンチョウ、コウノトリなどについてもこの頃の乱獲が遠因となって個体数を減少させたとされる（柳沢）。

1895年に「狩猟法」が制定された。これにより狩猟には免許を必要とし、免許税が課せられた。保護鳥について捕獲・販売の禁止措置、ひな・卵の採取・販売の禁止措置が採られた。同法の施行規則により保護鳥が指定され、シカのついて捕獲について制限が加えられた。（柳沢）その後、数回の改正を経て現在の「鳥獣の保護及び狩猟に関する法律」となっている。

1911年に貴族院に「史跡及ビ天然記念物保存ニ関スル建議案」が提出、可決され、次いで衆議院でも可決された。同年6月に「史蹟天然記念物保存協会」が設立された。協会は保存思想の普及を図り、学校教育に取り入れられるなど関心を集めた。1919年に「史蹟天然記念物保存法」が提案、可決された。「（同法）によって指定されたものは古庭園のほか九州の温泉岳（雲仙岳）や長野県の上高地、広島県の厳島などがあり……国立公園の制度ができていなかった当時にあって美しい日本の自然を守るに大きな役割を果たした」とされる（品田）。なお、戦後1950年に文化財保護法が制定され、史蹟天然記念物保存法は同法に吸収された。

明治初期の1873年に公園制度について太政官布告がなされた。この布告により国有地に属する名所、旧跡などが公園とされて府県により管理されることとなった。都市公園的なものの他に松島、天橋立、宮島のような自然公園的なものも含まれた。1910年に「日光ヲ帝国公園トナスノ請願」が帝国議会に出され、1911年には衆議院で「国設大規模公園ノ設置ニ関スル建議」がなされた。1930年に閣議決定により国立公園調査会が設置され、アメリカの制度などを範として日本の制度を検討し、1931年に国立公園法が制定された。優れた自然景

観を有する地域を、アメリカのナショナルパークに倣って指定し、保護と適正な利用を行うとの考え方を採った。1934年には瀬戸内海、雲仙、霧島、阿寒、大雪山、日光、中部山岳、阿蘇が指定され、第二次世界大戦後には1949年には国立公園に準ずる地域として、国定公園の制度が設けられ、さらには1957年に都道府県立公園の制度を加えて自然公園法と改称されて今日に至っている。
(糸賀)

1－5　明治時代以降の近代化と環境問題

　明治以後の東京などの都市地域におけるごみ・し尿の処理問題、東京・大阪の環境汚染、さらには足尾、日立、四阪島の煙害事件の事例のように、環境汚染が日本の近代化の中で発生するようになっていった。こうした事例から明治時代以降の近代化と環境問題について、いくつかのことが指摘される。

　第一に近代化の中で都市化によるごみ・し尿問題が発生し、また、工業化により大気汚染、水質汚濁、騒音、地盤沈下のような環境汚染が起こること、銅製錬のような激しい環境汚染を生じさせる鉱業活動が起こること、を知ることができる。日本の環境問題は明治時代からの近代化とともに取り組まねばならないものとなったということができる。

　第二に近代化とともに社会的な課題となったごみ・し尿の処理について、明治時代からの日本の試行錯誤が今日のごみ・し尿の処理制度に影響を与えていることである。特に、ごみを焼却するとの考え方は汚物掃除法とその施行において社会的に受け入れられるようになっていったと考えられる。また、ごみ・し尿の処理責任を地方政府にあるとの考え方も同様であると考えられる。

　第三に政府などにより何らかの対応がなされたことについてである。必要な法制度を設け、規則等による発生源の規制を行い、さらには、地域のレベルにおける下水道の敷設、東京などの例のようにごみ処理の仕組、公営のし尿の汲取りの仕組の構築、ごみ焼却炉の建設などの対策がとられた。また、今から見れば基本的には十分な対応とはいえないが、被害等の調査を実施したこと、被害者と発生源の間で行政などが仲介的な役割を行ったことなどである。

第四に明治時代から第二次世界大戦前の時代に、今日のように環境の価値観が十分には社会的に確立してはいなかったが、人々が周辺環境の汚染が起こった場合にそれを認識し、発生原因を考えたうえで、行動を起こしたことである。典型的な事例で知ることができるように、住民が工場に反対運動を起こして汚染の削減や工場の移転を要求し、政府等に対応策を求める行動を起こした。また、法廷において民事訴訟として争われ、損害賠償を認めるような判決もなされた。銅製錬と煙害の事例に見られるように、住民による大規模な抗議行動がなされ、住民が発生源側と交渉して対策を求め、さらには被害補償の交渉の場を認めさせるなどの例があった。

　第五に、原因調査についてであるが、現在から見れば乏しい科学的知見の段階ながら、汚染物質の調査やその汚染のレベルの調査、被害の広がりや程度、健康被害についての疫学的な調査などが、種々の事例において行われた。今日においても環境の汚染の問題が生じた場合において最も重要なことは汚染の影響の事実をできる限り正確に、詳細に知ること、さらには汚染源と影響の関係を定性的に、最終的に定量的に解明することが不可欠であるが、そうした努力が行われている事例があった。

　そして第六に、自然環境保護について、明治時代の早い時期から第二次世界大戦前までの数十年間にわたって、鳥獣、森林、史跡・名勝・天然記念物、国立公園などを保護するという考え方のもとに、種々の規制、立法などにより保護措置がとられ、それらが「鳥獣の保護及び狩猟に関する法律」、「文化財保護法」、「森林法」、「自然公園法」のように今日に引継がれていることである。

　しかし、環境の汚染を総合的に捉えるような段階には至らず、個別の地域的な問題、あるいは事象ごとの対応にとどまり、国全体で環境汚染問題を考えるようになるのは、第二次世界大戦の後、水俣病、イタイイタイ病などの健康被害の発生を見ることとなり、さらには高度経済成長期に農作物、水産物への被害が全国に波及するようになった1960年代以降になってからのことであった。また、単に特定の景勝地や鳥獣を保護するだけでなく、生物種、生態系、自然環境保全全般を幅広く捉えて自然環境を保護しようとするようになったのは、環境汚染への対処よりもさらに遅れて、1970年頃からのことであった。

第2章
環境問題の顕在化

2−1 戦後復興と環境側面

　第二次世界大戦後、徐々に経済復興が進む中で、1950年には朝鮮戦争がぼっ発し、日本はこれに伴う特需により戦前のレベルの鉱工業生産水準に至り、さらに1955年頃以降の好景気から高度経済成長期に入っていった。高度加工産業、重化学工業の育成強化が図られ、輸出が拡大していった。

　1952年に岡山県が水島工業基地の整備を計画し、1955年には当時の通産省による石油工業育成策が公表され、四日市・徳山・岩国の旧海軍燃料廠跡地の払い下げの決定がなされ、1961年に茨城県が鹿島工業地帯造成計画を発表した。1963年には新産業都市建設促進法、工業整備特別地域整備促進法に基づく13の新産業都市、6地域の特別地域が指定された。

　戦前からの京浜、中京、阪神、北九州の工業地域に加えて、鹿島地域（茨城県）、千葉臨界地域、四日市地域（三重県）、水島地域（岡山県）、徳山・宇部地域（山口県）、坂出地域（香川県）、大分地域などに、新たに大規模な工業開発が進み、東海道・瀬戸内海を結ぶベルト状の工業地域を形成した。これらの地域には、鉄鋼、石油精製、石油化学、自動車、造船などの重化学工業が立地した。

　1960年代には国民の消費行動にも大きな変化があった。前半にはテレビ、冷蔵庫が、次いで洗濯機が、末頃からは自動車、カラーテレビが急速に普及していった。テレビがマスコミュニケーションの主役となって商品の広告・宣伝が

展開され、国民は物の消費によって種々の欲求を満たすことに対する禁欲感が薄れていき、加えて生産者側は販売・利潤の拡大を図り、いわゆる大量生産・大量消費・大量廃棄の生活様式が普通のこととして社会に定着するようになっていった。

レジャー行動にも変化が起こった。自然公園利用者数は、1950年には約2,200万人であったが、1955年に約4,700万人、1960年に約1億4,000万人となり、1960年代に急増し、1963年に2億人、1965年に約4億人となり、70年代中頃には8億人を超え、その後は増加率を緩めた。温泉の利用者について、1957年度に約3,000万人であったが、1960年度に約5,500万人に達し、1960年代に急増して1970年度には1億人を超えた。

東京都では「終戦後わずか半年間に、70万人もの人口が流入して増え、以後も毎年30万くらいずつ増え……工場も、1951年末には3万7,000となり、さらに毎年5,000くらいずつ増加する勢いだった」(「公害と東京都」)のように都市化、工業化が進んだ。第二次世界大戦直後に350万であった東京都の人口は、1953年頃には戦前の最も多かった頃(1940年頃)の735万人に回復した。

廃棄物については1960年代に急激に排出量が増加した。1965年度に1人1日あたり排出量は約700gであったが1970年度には現在のレベルに近い約900gに達した(2001年度は1,124g／人・日)。1970年頃からカラーテレビが急速に普及し始めるのであるが、それは古いモノクロテレビの廃棄を意味するものであり、さらにはテレビのみでなく電化製品、その他のいわゆる「粗大ごみ」を増加させることとなった。また、東京都の例ではプラスチックごみの混入率が1963年に2％、44.5万tとなり、1969年には9.7％、172.3万tに達した。(「平成17年版環境統計集」、「平成14年版循環社会白書」、「東京都清掃事業百年史」)

交通輸送について、自動車保有台数で見ると1955年度では133.8万であったが、1965年698.5万台、1975年に2,914.3万台に増えた。

重化学工業化、家庭用電気機器の普及、自動車保有量の増加、交通輸送網の拡充、国民の生活様式の大量消費・大量廃棄型への変化は、エネルギー消費を急増させることとなった。1955年度に日本の一次エネルギー供給量は石油換

算で約6,000万t／年であったが、1965年度に約1億7,000万t／年に、1970年度に約3億2,000万t／年に達した。

　経済成長率について、1950年代後半は平均8.8%、60年代前半は平均9.3%、同後半は12.4%の高い伸びを示し、個人消費支出の対前年増加率は1950年代半ばから70年代にかけて5〜20%の高い増加率で推移し、国内総生産（GDP）は1955年度に約8兆円、国民1人当たりでは260ドル／人・年であったが、1975年度に約17倍の148兆円、4,500ドル／人・年に増加した。

　このような経済的な成長の結果、日本の狭い国土に、鉱工業生産、交通輸送、国民の日常生活等に伴う大気汚染物質、水質汚濁物質などの汚染物質、廃棄物の排出等が集中して環境への負荷を拡大し、また、海岸・干潟の埋立、山林の開発による自然環境の改変が進んだ。

2－2　戦後の環境政策の状況

　第二次世界大戦後の戦後復興の時代に、今日のような環境汚染対策、自然環境保全や環境の快適性の確保・創出、廃棄物処理やリサイクルなどのような環境配慮は社会的にはほとんどなされなかった。1946年に制定された日本国憲法に「環境」という語を見いだすことはできない。憲法と環境政策の関係については、憲法第13条「……生命、自由及び幸福追求に対する国民の権利については、公共の福祉に反しない限り、立法その他の国政の上で、最大の尊重を必要とする」、第25条「すべての国民は、健康で文化的な最低限度の生活を営む権利を有する」との規定があり、現在の環境政策の基本的な拠り所となっている環境基本法（1993年制定）は、制定目的について、「……現在及び将来の国民の健康で文化的な生活の確保に寄与する……」（第1条）とし、憲法の規定を受けたものとされる（「環境基本法の解説」）。

　戦後の環境保全対策として1949年に策定された「水質汚濁防止法案勧告（案）」があった。平野によれば「戦後日本で最も早期に着手された本格的な立法の草案」である。この法案勧告は、1948年にGHQ（第二次世界大戦後に連合国側が日本占領中に設けた総司令部でGeneral Head Quartersの頭文字に

よる略）が日本側に対して水質汚濁対策を求めたことにより、政府内で検討が進められ1年数か月をかけてまとめられた。法案では水質汚濁の監督のための行政機関としての「水質汚濁防止小委員会」の設置、水質基準濃度に関する規定、特殊物質の放流に関する規定、屎尿・産業廃水の河川湖沼港湾沿岸への投入に関する規定などを骨子とした。しかし、勧告案は産業界や関係官庁からの反対に遭遇した。勧告案に対する関係者の意見を入れて、1951年に「水質汚濁防止に関する勧告（案）」に修正され、排水の規制について実効性のないものとなった。曲折を経て「水質汚濁防止法の制定」を勧告するものとされたがそれ以上の進展のないままに終わった。（平野）

　1955年には厚生省（当時）、通産省（当時）がそれぞれに公害防止に関する法案を作成し、関係方面との折衝がなされたが、関係省庁、産業界の反対、一般世論も時期尚早との考え方が強く実現しなかった（「公害対策基本法の解説」）。

　社会的に導入された環境保全対策としては、現憲法で取り入れられた地方自治制度のもとで、地方自治体によって先導された。戦後の東京都では経済復興とともに人口が急増し、かつ工場の新設、拡張などが相次ぎ、公害問題が顕在化するようになり、1949年に工場公害防止条例を制定して、工場の新設、増設に届出を求めるようになった。大阪府、神奈川県、福岡県などが同様の条例を1955年頃までに制定した。また、東京都は1954年に「騒音防止に関する条例」、1955年に「ばい煙防止条例」、1960年に「東京都都市公害紛争調整委員会条例」を制定した。これらの事例のように地方における条例制定が、国の立法に先駆けて行われた。（同）

　公害対策の国の立法措置は1950年代の後半頃以降に行われるようになった。地盤沈下を防止することを目的として、1956年に地下水の汲上げを規制する工業用水法、1962年に冷房設備・水洗便所等のために建築物等が汲上げる地下水を規制する「建築物用地下水の採取の規制に関する法律」が制定された。両法はいずれも現在も機能している。

　1958年に東京・江戸川の本州製紙江戸川工場の排水による漁業被害に抗議して漁業関係者らが乱入する事件があり、これを契機に同年に「公共用水域の水

質の保全に関する法律」、「工場排水等の規制に関する法律」が制定され、また、1962年に四日市ぜんそく等の大気汚染問題に対処する法律として「煤煙の排出の規制等に関する法律」が制定された。しかし、これらの3法は地域指定制を採り、指定に必要な調査などの指定手続きに期間を要し、あまり実効を上げない状態が続いた。これらの法律は後に1968年に「大気汚染防止法」、1970年に「水質汚濁防止法」が制定されると同時に廃止され、現在は大気汚染防止法、水質汚濁防止法により対策がとられている。

廃棄物処理に関する法律として戦前の「汚物掃除法」(1900年制定)は、1954年制定の清掃法に改正された。清掃法は特別清掃区域という考え方を導入し、その区域に係るし尿・ごみの処理責任を市町村とした。その後1970年には清掃法を廃止して、「廃棄物の処理及び清掃に関する法律」を制定し、し尿・ごみを一般廃棄物とし、新たに対応が求められるようになった事業活動により廃棄される廃棄物の特定のものを産業廃棄物として区分して、処理責任について一般廃棄物を市町村、産業廃棄物を排出事業者とすることとし、以来、この法律により廃棄物の処理・処分規制等を行ってきている。

戦前からの法律で、いく度かの改正や改称などを経て今日にも有効な法制度として、指定する森林の伐採を制限する1887年制定の森林法、すぐれた自然景観地域を保全しつつ、国民が利用し、国民の保健、休養、教化に資するとする自然公園法（1931年制定時から1957年の改正時までは国立公園法）、鳥獣類を保護するとともに、狩猟を適正化、鳥獣を保護蕃殖、有害鳥獣の駆除・危険予防を図り、生活環境保全、農林水産業振興に資するとする「鳥獣の保護及び狩猟に関する法律」（1918年の制定時から2002年の改正時までは「鳥獣ノ保護及ビ狩猟ニ関スル法律」。現在の法律には生物多様性の確保などの新たな目的が付与されている。）などがある。自然環境保全の政策については、戦前からの自然景観の保全、鳥獣類の保護の他に、今日では個別の野生生物種、生態系の保全等を含む自然環境そのものを保護する考え方がとられているが、それは1972年制定の「自然環境保全法」によって取り入れられることとなった考え方である。

環境政策が社会的な仕組として整っていない状況のもとで、第二次世界大戦

後の復興がなされ、さらには戦前を超える経済的な発展が急速に進み、環境問題は戦前からの都市・工業地域である東京、大阪などで顕著となり、次第にその他の地域にも拡大した。水俣病、イタイイタイ病、四日市喘息に見られるような健康被害、農産物、水産物への被害、公害苦情、さらには自然破壊が進んだ。環境保全のための政策は、1950年頃からまず地方自治体が先行して取り組み、1950年代の後半頃から国における地盤沈下を初めとして個々の公害に対する立法措置が採られるようになり、やがて、基本的な公害対策、自然保護の考え方が確立されるのは1967年制定の公害対策基本法、1972年制定の自然環境保全法においてであった。

2-3 東京・横浜喘息と四日市喘息

日本では1946年頃に横浜で米駐留軍家族に喘息症状の人が発生し始めたが、後にそれは横浜だけでなく横浜から東京に至る広い範囲で、日本人にも見られる症状であることが解明され、「東京・横浜喘息」と呼ばれるようになった。米軍の病院の医師等によって、この症状は大気汚染が誘発し症状をひどくさせるとして、大気汚染と症状が関係づけられた。（三浦）

1961年の夏に、四日市市磯津地区で工場側から風が吹く日に「咳が出る」、「のどがおかしい」、「激しいぜん息になる」という症状を訴える人が多くなり、やがて三重県立大学の吉田教授の研究で当時66名の喘息患者の発生が明らかにされた。当時の地区の全人口比で2.34％、50歳以上の人口比では9.51％、70歳以上では19.44％に上っている。やがて「昭和41（1966）年7月10日、最初の自殺者は四日市市稲葉町、無職木平卯三郎サン（当時76歳）だった。……木平さんの死から1年もたたない昭和42年6月13日、今度は同市十七軒町の菓子製造業大谷一彦さん（当時60歳）が……自殺した。……昭和42年10月20日未明、同市七ツ屋町の南君枝さん（15歳）－塩浜中3年－が発作による呼吸困難で、病院で若い生命をひきとった……」という記述のように自殺者、死者が出るようになった。（「四日市公害・環境改善の歩み」、「四日市公害10年の記録」）

大気汚染は慢性気管支炎、気管支喘息、肺気腫などの健康被害を起こすと考えられているが、これらの症状は大気汚染によらないでも発症する。横浜喘息（「東京・横浜喘息」とも呼ばれた）や四日市喘息が知られた時にいずれもそれが大気汚染によるかどうかの調査、研究が行われた。いずれも地域に住む人への影響の多寡が大気汚染の程度との相関や差で説明できるか、という疫学的な手法で検証された。1964年に厚生省（当時）が大阪市、四日市市で大気汚染による呼吸器への影響を調査した。大阪、四日市の大気汚染の高濃度汚染地区とあまり汚染されていない地区を選び、40歳以上の住民について、大阪の汚染地区3,421名、非汚染地区3,520名、四日市の汚染地区4,635名、非汚染地区4,549名を対象として実施した。（「昭和44年版公害白書」）

　汚染の程度は、二酸化鉛法による硫黄酸化物の測定値で大阪の汚染地区1.05mg／100cm^2／日、非汚染地区0.57、四日市の汚染地区0.5～2.3、非汚染地区0.2前後であった。大阪、四日市ともに大気汚染の高濃度汚染地区では非汚染地区に比べて、どの年齢層でも慢性気管支炎症状有症率が高く、全般に高齢になるにしたがい有症率が高くなり、特に四日市市で高齢者の高い有症率が得られた。なお、二酸化鉛法による硫黄酸化物の1mg／100cm^2／日は、大気中硫黄酸化物の容量比で0.03～0.04ppm（ppm＝百万分の1）に相当し、日本の二酸化硫黄環境基準程度の汚染レベルである年間平均値0.017～0.020ppmの約2倍程度に相当する。この四日市市、大阪市における調査のように、大気汚染と呼吸器への影響の関係は疫学的な手法で明らかにされた。一定レベル以上の大気汚染濃度になると、集団の中の一部の人の呼吸器に影響を与え始める。環境汚染の影響を考える場合には低濃度で環境への影響が生じないレベルから、わずかではあるが何らかの汚染による影響が生じ始めるレベルを把握することが重要である。そのために集団に注目してその変化から汚染の影響を知る「疫学」の手法が大気汚染を初め環境汚染による人への影響の解明に用いられた。（「昭和44年版公害白書」）

　大阪、四日市だけではなく、日本各地の大気汚染の高濃度汚染地域で疫学的な手法で地域住民への健康影響が調査された。1950年代頃から1970年代頃にかけて、大気汚染のレベルが高く健康影響が懸念されるような地域で、地方自

治体、医学関係者らにより調査、研究が実施され、後に1973年に公害健康被害の補償を行う制度が発足し、1978年までに全国の41地域が大気汚染に係る健康被害が起こっている地域として指定され、法律に基づく症状を持つとして認定された人に健康被害補償が行われるようになった。

　イタイイタイ病、水俣病の解明においても疫学的手法は一定の役割を果たした。四大公害裁判の例のように、難しい社会的な課題であった汚染と被害補償の判断にあたって疫学的な手法による調査、研究の結果がその判決、その後の被害補償制度の導入に大きな影響を与えた。

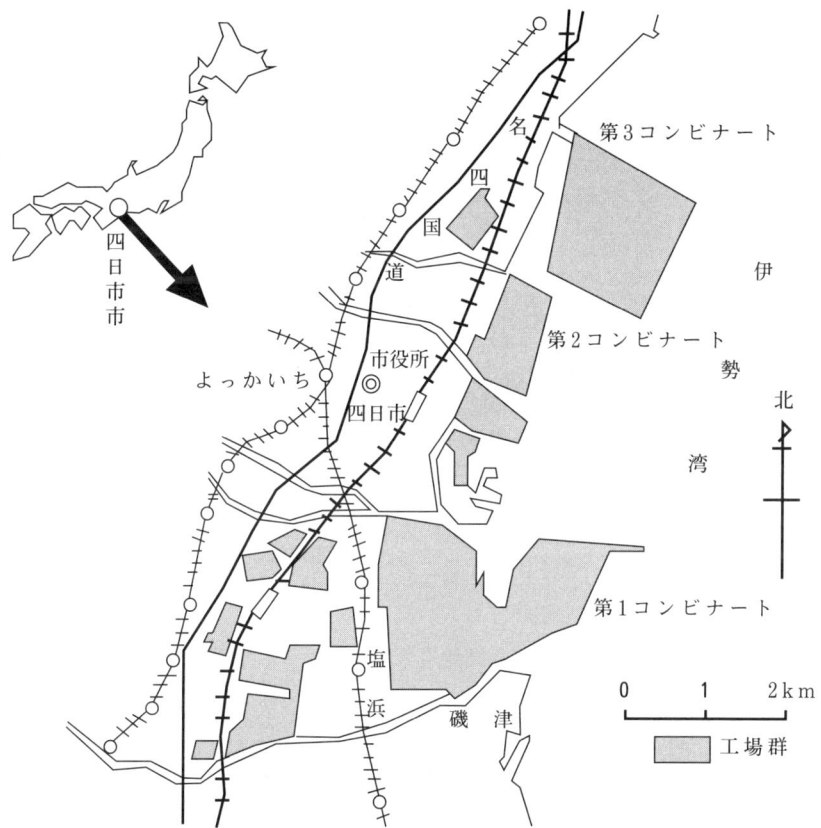

図2-1　四日市コンビナートと磯津・塩浜地区
出典：「四日市公害10年の記録」をもとに作成

2−4 水俣病とイタイイタイ病

(1) 水俣病

　1956年4月21日に、水俣市月浦地区の幼児が、口がきけない、歩くことができない、食事もできないなどの状態で新日本窒素水俣工場付属病院に入院した。さらに同じような症状の3人が入院し、同病院の細川院長が「原因不明の脳症状を呈する患者4人が入院した」と水俣保健所に報告した。この日、5月1日が水俣病の公式発見の日とされている。実際には医師のカルテと住民の記憶から、1953年には1人が発病したことが知られ、1954年に12人、1955年に15人、1956年に52人が発病した。水俣湾でそれ以前から魚介類が死んだり、沿岸で猫が狂死するような異変が見られていた。

　当初は病気の原因は解らなかった。1956年5月28日に市医師会、保健所、市、市民病院、新日本窒素水俣工場付属病院で構成する「水俣奇病対策委員会」が組織され、8月24日に熊本大学に「水俣病医学研究班」が組織されて原因の究明を始めた。同年11月4日には熊本大学・尾崎医学部長らの研究班が「本疾病は伝染性疾患ではなく、一種の中毒症であり、その原因は水俣湾産魚介類の摂取によるものである」と中間報告している。そして、マンガンなどが疑われたが、1958年末頃までに「マンガン、セレン、タリウムでは、それぞれ動物実験において神経系に一定の病変を惹起せしめることができるが、いずれも水俣病と一致した病変を惹起せしめない」と結論された。1958年7月14日に研究会議で、水俣病は魚介類を摂取することによって惹起されること、魚介類を汚染している毒物として水銀が注目されることが結論され、そのことが「熊本大学による水銀原因説」として新聞報道された。さらに水銀についての研究が進められ、1963年2月に熊本大学が「原因物質はメチル水銀化合物であることには間違いなく、かつ、その本態はアルキル水銀基にある」との統一見解を出すに至った。(「水俣病・有機水銀中毒に関する研究」)

　原因の解明が進められる一方で、現在ではその原因となったことがよく知られるようになった新日本窒素（現在は「チッソ」）水俣工場のアセトアルデヒド

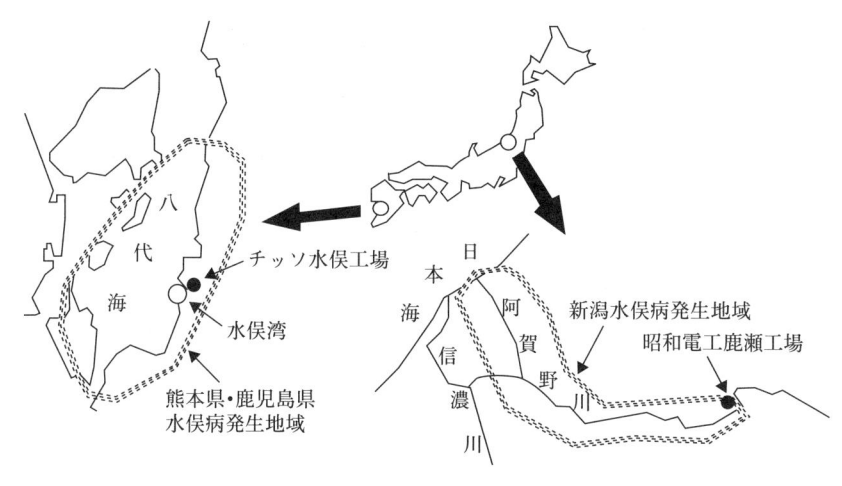

図2-2　水俣病発生地域

工場は操業を継続していた。水銀の流出は1965年頃まで続いており、アセトアルデヒド工場が生産を停止したのは1968年であった。

　その後、1964年になって新潟県阿賀野川流域で水俣病が発生していることが発見された。新潟県による「阿賀野川水銀汚染総合調査報告書」によれば、発見当初の様子は以下のとおりである。1964年10月中旬に新潟市内の病院に一人の患者が入院したが、その病状が不明のために新潟大学医学部病院に転院した。1965年1月にその患者を診察した大学の医師が有機水銀中毒の疑いを持ち、毛髪の水銀含有量を測定するなどから、同年5月31日に、新潟大学から新潟県衛生部に「阿賀野川下流域沿岸部落に原因不明の水銀中毒症患者が散発している」と報告された。この患者は「第2号患者」とされ、初発患者は1964年8月下旬に発病し、10月29日に死亡した。6月12日には新潟大学及び新潟県が「有機水銀中毒患者7人発生、2人死亡」と発表した。このように新潟県阿賀野川流域で新たな水俣病の存在が知られることとなった。昭和40年頃には水俣湾の水俣病について、水銀汚染が原因であるとの解明がかなり進んでいた段階であった。(「阿賀野川水銀汚染総合調査報告書」)

(2) イタイイタイ病

　富山県婦中町とその周辺の富山市の一部などの地域に、典型的な公害病の一つとして知られるようになったイタイイタイ病について、地元の医師である荻野氏は戦後ほどなくイタイイタイ病患者と考えられる人を診断したことを、著書の中で「脈をとろうとして腕を持つと、持ったところでポキリと折れた」と生々しく記述している（荻野）。

　後のイタイイタイ病裁判の証言によれば、Aさんについて、1947年3月頃には足が痛い、手が痛い、腰が痛いと言い、だんだん前身に痛みを訴えるようになり、1951～1952年頃には「……痛がって、さわるなという……」状態となり、1956年に逝去した。Bさんについては、1948年頃には体が痛い、と言うようになり、1952～53年頃にはさらに症状が進んで痛みが増して1958年には入院せねばならない状態になり、1968年に逝去した。（「イタイイタイ病裁判・第三巻」）

　イタイイタイ病患者の発生地域は図2-3のとおりであった。神通川本流と熊野川に挟まれた富山市の地域、大沢野町の一部の地域などに多くの患者が発生した。2001年12月末の時点で、イタイイタイ病に認定されている患者は6名、認定された人の総数は185人、要観察者は5名である。

　こうした患者の発生した地域の上流に「神岡鉱山」が操業していた。岐阜県神岡町周辺は、口伝では8世紀頃には黄金を天皇に献上したとの記述があるなど、江戸時代頃までは金を産出した。しかし、江戸時代の初期頃までには鉱業の収益を望めない程度となっていた。そして1874（明治7）年に三井組が買収して鉱山経営を開始し、鉛、亜鉛を生産するようになり現在も企業による操業が続いている。工場廃水に対する苦情の類は既に江戸時代の19世紀の初め頃には記録されており、1817年8月「和佐保村山内銅山師大西村甚右エ門悪水除去方差入書」が提出されている。明治時代に三井組の経営に移った後に、1875～1889年の間にも悪水除去の申し入れ記録が見られる。1932年に神岡鉱業所から排出される工場廃液によって、下流の婦中、大沢野地区の農作物に被害が生じたことについて、鉱業所に陳情が行われた記録がある。1941年に農林省の調査官が調査し、記録したところでは「昭和16（1941）年に、天候不順もあり被

害が増大、6月29日、関係町村代表者が三井鉱業所へ陳情、被害は神通川両岸の約4,000町歩、被害の顕著なものは964町歩、6,484石余の減収見込み」であり、また、1942年には被害総面積は10町村、9,642町歩に及んだ。当時鉱業所では潜水艦の潜水時に使う蓄電池用の極板の生産のために増産体制であった。(荻野)

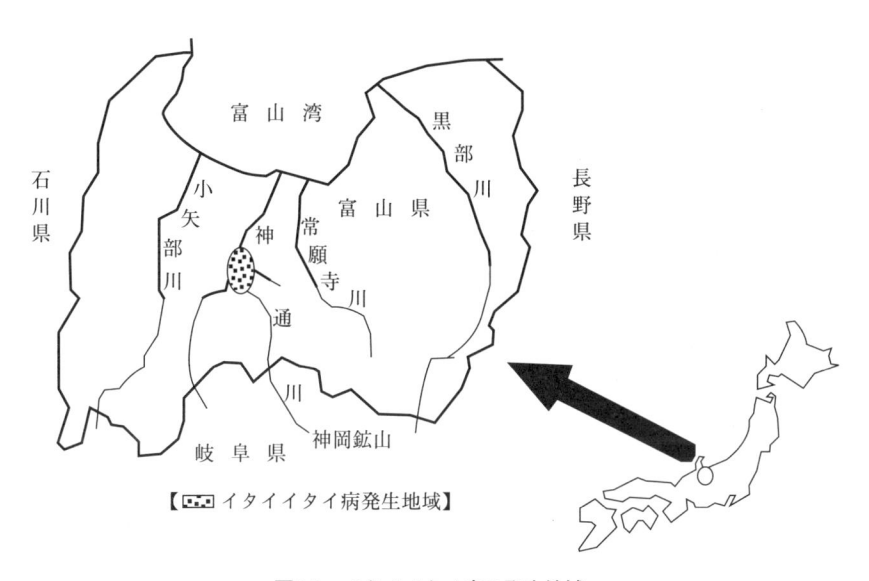

図2-3　イタイイタイ病の発生地域

　イタイイタイ病が日本の専門家の注目を集めることとなったのは、1955年に第17回臨床外科学会で荻野昇、河野稔の両医師によって報告されたことが契機となった。当時、原因は解らなかったが、1959年頃には河川水、井戸水から鉛、亜鉛の他にカドミウムが検出された。小林、荻野等によって亜鉛、鉛、カドミウムによる汚染とイタイイタイ病との関係に関する研究を進めることが計画され、アメリカ公衆衛生局から、1942年に報告されたフランスのカドミウム蓄電池工場の労働者に発生した骨軟化症の症状、ファンコニー症候群の情報が提供され、さらにはこの研究にアメリカ政府から研究費が助成され、やがて研究成果はイタイイタイ病が鉱業所の廃水に起因することを立証する契機となった(小林)。

2－5　地盤沈下

　東京都の地盤沈下について、1930年、1931年における調査から年間に15〜17cmの沈下が起こっていること、隅田川と荒川放水路に挟まれた最も沈下量の多い地域では年間に18〜19cmに及ぶ激しいものであることが知られた。第二次世界大戦に伴う経済活動の落込みのために一時期は停滞し、再び戦後の復興とともに工業用水のための地下水の汲み上げが増加し、1950年代には再び沈下が進むようになり、50年代の後半からは激しさを増した。工業活動の拡大に伴って、江東あたりだけでなく、城北（北区、板橋区、足立区、葛飾区）、江戸川区などに、また、千葉県・浦安、埼玉県に広がった。1956年に工業用水の汲上げを規制する工業用水法が制定され、江東（江東区、墨田区、江戸川区の一部）、城北地区が同法に基づく地下水の汲み上げを規制する指定地域に指定され、その後埼玉県南部一帯も指定された。1960年当時の江東の地下水の汲み上

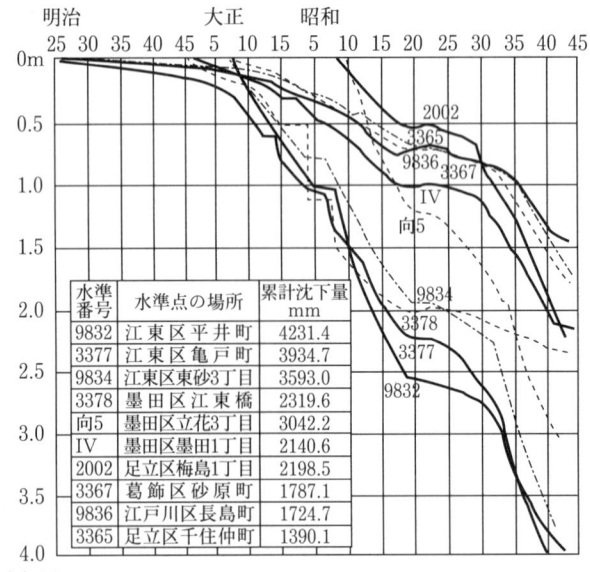

水準番号	水準点の場所	累計沈下量 mm
9832	江東区平井町	4231.4
3377	江東区亀戸町	3934.7
9834	江東区東砂3丁目	3593.0
3378	墨田区江東橋	2319.6
向5	墨田区立花3丁目	3042.2
IV	墨田区墨田1丁目	2140.6
2002	足立区梅島1丁目	2198.5
3367	葛飾区砂原町	1787.1
9836	江戸川区長島町	1724.7
3365	足立区千住仲町	1390.1

東京都調べ

図2-4　東京都水準点地盤の累積沈下量
出典：昭和44年版公害白書

げ量は22万4,000t／日であった。(「公害と東京都」、「20世紀の環境史」)

　大阪市と周辺地域については、明治、大正時代からわずかながら地盤沈下が見られたが、昭和に入って地下水の汲み上げが増加して、1941年には一部では年間16cmの地盤沈下が見られた。第二次世界大戦中は沈下が停滞したが、戦後再び工業の復興とともに激しくなり、1960年度には、年間1億4,400万tが汲み上げられ、一部地域では年間沈下は25cmに及ぶようになった。このために尼崎市、西宮市、大阪府が相次いで工業用水法の指定地域とされた。その後、川崎市、横浜市の地域、名古屋市、三重県の一部地域、千葉県の一部地域などに指定地域は拡大した。冷暖房、水洗便所、公衆浴場等に使用するための地下水の汲み上げについても地盤沈下に影響を与えるとして、1962年に「建築物用地下水の採取の規制に関する法律」が制定され、同年に東京都の14の区、1963年に大阪市全域が指定された。こうした地盤沈下についての対策として、地下水の汲み上げの規制と併せて、1950年代の後半頃から工業用水道の敷設が進められ、1970年頃までに工業用水法の指定地域などに日量で約400万tが供給されるようになった。(昭和44～46年版公害白書)

2－6　農作物、水産物等への被害

　1950年代中頃から60年代にかけて、大気汚染に係る農作物に対する被害、水質汚濁による水産業への被害等が全国各地で発生した。1968年に静岡県富士市、富山市、和歌山市で水稲に被害が発生し、二酸化硫黄が主因となったと考えられている。二酸化硫黄は、1964年頃から岡山県水島地域では「い草」の先枯れ被害を起こすようになったと考えられている。また、1965～1966年頃には千葉県市原市で「なし」の果皮の変色、着果不良等を、1968年には山梨県櫛形町に桑の発育不良、1969年には福島市で桑葉汚染による蚕の中毒死、などを引き起こしている。1965以降、新潟市ではチューリップ、野菜等の被害が起こっている。1967年に愛媛県西条市・新居浜市、福島県喜多方市、68年の福島県喜多方市、長野県大町市、千葉県市原市、愛媛県西条市・新居浜市で、ふっ化水素によると考えられる水稲被害が発生した。1966年頃に滋賀県高月町で

桑葉汚染による蚕の中毒死等、1967年に群馬県藤岡市で桑の汚染被害、1968年に群馬県高崎市で桑葉汚染による蚕の中毒死等が発生し、フッ化水素による被害と考えられている。また、塩素ガスによると考えられている被害として、1965年頃から宮崎県延岡市における露地野菜への被害、1969年に群馬県渋川市における桑葉の汚染など、ばいじん、粉じん等による被害として、1954年頃以降の大分県津久見市における柑きつ類への影響、1966年以降の熊本県田浦町における甘夏柑の果皮の汚染、1969年の名古屋市南部工業地域周辺の温室、ビニールハウス栽培野菜への被害、等が起こっている。（昭和44、45、46年版公害白書）

　岡山県水島地域の「い草」の先枯れに関しては、1965年の被害では工業地域の後背地の倉敷市、早島町、岡山市の一部などの825haの地域に、その生育期である5月下旬～7月上旬頃に発生し、当時、地域の特産品であった「い草」の品質に大きな影響を与えた（「岡山県環境保全概要：昭和46年10月」）。その原因に関する研究、調査が岡山県農業試験場で行われ、「大気中の硫黄酸化物量と先枯れとの間に正の相関関係が認められた。また、接触試験において、現地に普通に出現する程度の亜硫酸ガス濃度（0.05～0.10ppm）でも、時間によっては先枯れを助長することが認められることなどから、先枯れの助長に及ぼしている大気汚染物質としてもっとも疑わしい物質は、硫黄酸化物である」（「岡山農試研究年報・昭和48年度」）とされ、1974年11月に、企業と被害を受けたと考えられる農家との間で和解が成立し、約1万3,000戸の農家に対して、約10億円が企業側から支払われている（「岡山県・環境保全の概要：昭和51年10月」）。

　水質汚濁による農業への影響に関しては、全国で1958年に304地区、9万9,000haであったが、1965年には898地区、12万7,000haに、1969年には1,500地区、18万2,000haになっている（昭和44年版及び46年版公害白書。1965年頃の日本の農耕地面積は約600万ha）。都市を流れる河川の水質の汚濁は、例えば東京都の隅田川の例によれば、1955年頃から急速に悪化し、それ以前にはうなぎ、はぜなどが遡上し、こい、ふななどの淡水魚が生育していたが、しじみが油臭くなって商品価値を失い、やがて、しじみも飼料の「ごかい」、「い

とめ」も生存しなくなって、1962年には漁業権を消滅した。隅田川だけでなく、1957年頃には荒川、1960年頃には多摩川中流部、1965年頃には江戸川でも各々同じような事態となった（「公害と東京都」、「農業と公害」）。

　1958年6月に、本州製紙江戸川工場のセミケミカルパルプ施設の排水により漁獲量が減少したとして約700人の漁業関係者が工場に乱入する事件が起こった（第3章「3-1」参照）。この事件は水質汚濁問題について社会的な関心を喚起することとなり、同年の「公共用水域の水質の保全に関する法律」及び「工場排水等の規制に関する法律」の制定を促した。（「環境庁十年史」）

　水道の原水が汚染される被害件数は1950～1960年代に急増し、1969年には259件、39都道府県に及び、その内原因として最も多かったのは鉱工業排水、次いで都市下水・家畜し尿等廃棄物、土木工事、砂利採取などが原因となっている。こうした被害を受けた場合、浄水処理の強化を強いられ、さらには浄水装置の構造変更、取水位置の変更を強いられる場合もあった（「昭和46年版公害白書」）。

　四日市および水島コンビナートでは魚に異臭の着臭が起こった。四日市での最初の公害問題は油臭魚であった。1958年頃から伊勢湾の魚が石油の臭いがすると言われ始め、1960年ごろには四日市の沖合い4kmの範囲にまで異臭魚の漁獲範囲が広がり「ついに同年3月には築地の卸売市場で、伊勢湾の魚は非常に油臭いので、厳重な検査が必要である、との通告が出されてしまう」ようになっている。これに対して1960年には漁業関係者らは三重県や工場に対して30億円の損害賠償請求をし、1962年には「振興費」として、県、市・町及び関係企業が1億円を支払っている。（「四日市公害・環境改善の歩み」）

　水島工業地域の沖合いでも1961年頃には異臭魚が発生するようになり、進出企業の本格的な操業とともに、1960年代の後半には分布範囲が拡大して地域の漁業に大きな被害を生じるに至った。1967年1月には、県、市、企業及び漁業関係者が「水島地域水産協会」を設立し異臭魚の買い取りを始めた。同協会の1967年の買上額は約800万円となった。この買上は1976年まで続けられた。（「岡山県環境保全概要：昭和46年10月」）

表 2-1 農産物、水産物等への被害に関する経緯

1954 年	大分県津久見市でセメント粉じんによる柑きつへの影響
1958 年 6 月	本州製紙江戸川工場の排水により水産物に被害が生じたとして約 700 人の漁民が工場に乱入する事件が発生した。
1958 年 11 月	「工場排水規制法」、「水質保全法」制定
1958 年	水質汚濁による農業への影響、304 地区、99,000ha
1960 年 3 月	伊勢湾産の魚に異臭の着臭が認められるようになった。
1960 年頃	東京都隅田川の「しじみ」が油臭くなり始めた。
1961 年	岡山県水島地域で異臭魚が発生するようになった。
1962 年 6 月	「ばい煙規制法」制定
1964 年 6 月	岡山県倉敷市周辺で大気汚染による「い草」の先枯れが発生
1965 年	千葉県市原市で「なし」の果皮の変色等の被害
1965 年 6 月	静岡県田子の浦港でしゅんせつ中に硫化水素発生
1965〜66 年	千葉県市原地域で大気汚染による「なし」の果皮の変色
1965 年〜	新潟市で大気汚染によるチューリップ、野菜等への被害
1967 年 8 月	「公害対策基本法」制定
1968 年	各地で大気汚染による水稲への被害の報告「大気汚染防止法」制定（「ばい煙規制法」廃止）
1970 年 12 月	「水質汚濁防止法」制定（「水質保全法」、「工場排水規制法」廃止）

2−7 公害に関する紛争、苦情等

　東京都の戦後の復興期には、今日でいえば産業公害型、都市公害型の両方の問題の混在する公害苦情が顕著になった。東京都は 1949 年に「工場公害防止条例」を制定した。当時、工場公害に係る苦情件数が 1950〜1958 年度にかけて 137 件から 681 件に増加する状況にあった。1961 年には全苦情・陳情受付件数が 1,622 件、1962 年には 2,770 件、1968 年には 3,072 件に達した。東京都は 1960 年 10 月に公害紛争当事者間の和解を促進するために、民間の有識者による知事の諮問機関として、「東京都都市公害紛争調整委員会条例」に基づく委員会を設置して、紛争の調整を行い、1960〜1965 年の間に 19 件の水質汚濁に関する紛争について和解、解決させた。(「公害と東京都」)

　この東京都の例は、都市化、工業化が進めば、環境の汚染に関する紛争がや

がて日本の各地に広がっていくこと、及び紛争の解決に何らかの社会的なシステムが必要となることを示唆するものであった。全国の地方自治体に寄せられる環境汚染に関する苦情・陳情件数は1966年度に2万502件、1968年度に4万854件、1972年度8万6,777件と急増した。こうした苦情の急増の背景として、都市化、工業化が全国に広がりを見せたことと合わせて、国民の間に環境の価値に対する認識が深まり、地方の行政機関に苦情を訴えるようになったものと考えられる。(「昭和49年版環境白書」)

　昭和40年代の初め頃の時点において、公害紛争の一部は司法の場に持ち込まれる例があった。社会的に大きな注目を集めた新潟水俣病事件、イタイイタイ病事件、四日市ぜんそく事件、水俣病事件（水俣地域）の「四大公害裁判」の例がよく知られている。それらの他にも1969年12月末の集計で公害紛争について地方裁判所で争われていた損害賠償事件は訴訟186件、調停47件の233件であった。(「昭和45年版公害白書」)

2-8　自然環境等への影響

　自然環境については海岸地域での工業化等のために自然海岸や干潟が失われた。「海岸の人工化が著しい海域」（陸奥湾、東京湾、三河湾、伊勢湾、瀬戸内海、響灘、有明海、鹿児島湾）については、明治・大正期に自然海岸は約60％以上が存在したと考えられているが、1978～1979年頃の調査では35％に減少し、全国の干潟については、1945年頃には8万5,591ha存在したが、1978年までに約3万haが失われて、5万3,856haに減少した。(「昭和55年版環境白書」、「平成18年版環境統計集」)

　1945～1960年までの15年間に、東京都では農地の約1万ha、山林の約4,000haが減少し、都市的利用に転換された。全国では1960年に約2万4,000haの田畑が人為的に改変され、1970年には約10万haが改変された。東京周辺の1都3県の人口は1960～1970年の間に34％の増加を示し、これは全国の増加の11％を大きく上回るものであった。(「昭和57年版環境白書」、「昭和55年版環境白書」)

1960年代の後半には、急速に増加する自動車に対応して道路建設が進められたが、国立公園内に建設される「南アルプススーパー林道」については、1960年代後半頃に構想がなされ、国立公園の中でも最も重要視されて保護措置がとられている「第一種特別地域」の764.2mを横断するために議論が展開されたが、最終的に1979年に完成するに至った。この例の他にも、開発に伴う自然環境への影響は、尾瀬ヶ原をめぐるダム・道路建設計画等の電源開発、道路建設をめぐって問題とされる事例があった。(「環境庁十年史」、「昭和47年版環境白書」)

　「日光太郎杉事件」の訴訟の事例では、日光市内の道路が狭く道路交通に支障があるとして、栃木県知事が280mにわたり拡幅することを計画し、1964年に建設省(当時)から土地収用法に基づく事業の認定を得たが、日光東照宮はこれに対して「太郎杉」を含む巨木を伐採するなどの事業の認定の取り消しを求める訴えを起こし、裁判所は1973年に、計画が道路拡幅を安易かつ安価に行うことによって失われる景観・歴史・学術文化価値等の観点から事業認定を取り消さねばならないと判決した(「環境・公害判例7」)。

第3章
地方の動向と公害反対運動等

3-1　各地の公害紛争

　1958年3月に本州製紙江戸川工場が試運転を開始し、4月には本操業を開始したが、4月当初の試運転の段階から黒色の排水の排出が認められるようになった。同月末には一部の漁業者が汚水により漁獲量が減少したとして、汚水の処理、浄化を要求した。5月13、14日に江戸川水系で魚介類が死滅したことが千葉県に報告され、同月24日には漁民約1,000人、船200艘による汚水に対して抗議するデモンストレーションが繰り広げられるに至った。6月10日には浦安町で町民大会が開かれた後、浦安漁協の約700人の漁民が国会、都庁に陳情し、その後に工場に乱入し、多くの漁民が逮捕される事件が発生した。同11日には東京都が工場公害防止条例に基づく工場の一部の操業停止命令をし、翌日には工場側がこれを受諾した。工場と漁業者らとの被害補償の交渉などが続き、一方工場側は排水処理装置の設置を進めた。12月には工場側と千葉県、東京都の漁協の漁業被害協定が成立、2月には残っていた浦安漁協との協定も成立した。3月には工場の処理装置が完成し、東京都、千葉県による検査が行われた後に、3月25日に工場の操業が開始された。(「環境庁十年史」)

　この事件を期に、国会は1958年12月には「公共用水域の水質の保全に関する法律」(以下、「水質保全法」)、「工場排水等の規制に関する法律」(以下、「工場排水規制法」)を制定した。

　この2法についてであるが、水質保全法が調査を行って指定水域の指定、水

質基準（指定される施設から指定水域に排出される水質汚濁の限度）の設定を行い、工場排水規制法が製造業等の施設で汚水等を排出する施設を指定し、施設の計画変更命令・改善命令を行い、命令違反に対して罰則を科する仕組をとった。また、工場排水規制法以外に鉱山保安法が鉱山について、下水道法が下水道について排水規制を行うなどの仕組をとった。しかし、水質保全法の指定手続きには長期間を要し、1959年度に調査が行われた7水域について実際の法施行がなされたのは1962～1969年、1960年度に調査された3水域については1965～1968年法施行のように、数年間を要した。水俣病の原因となったメチル水銀について全国の29水域に規制が適用されたのは1969年であった。（「昭和44年版公害白書」）この2法は後に1970年に実効性の高い水質汚濁防止法が制定された時に廃止された。

　1953年に水俣で奇病が発生し、1956年に公的に認められて「水俣病」が知られるようになった。1957年には「水俣病罹災者互助会」（後に「水俣病患者家庭互助会」。以下「互助会」）が発足し、1959年には患者に対する補償を要求し、やがて工場前で座り込みを行うに至り、年末になって知事等による調停案を受け入れて、いわゆる「見舞金契約」が交わされるに至った。1968年には政府によって水俣病の原因等についての統一見解が出されたが、これを期に再び互助会は補償要求を会社に行い、交渉がなされるようになった。その後、水俣病の被害者の人達は種々のグループに別れて会社に被害補償を求めるようになった。一部の人たちは工場や東京本社に座込みを行うなどの経緯を経て補償協定の締結に至り、一部は公害紛争処理法による調停を申請して調停を受け入れ、一部は会社と直接交渉を続け、一部はいわゆる四大公害裁判の1つである「水俣病訴訟」（水俣関係）を提起し、1973年には勝訴した。この訴訟の判決では1959年の見舞金について、被害者の無知、窮迫に乗じて低金額で損害賠償請求を放棄させたことは公序良俗に反するとして無効とした。1969年には「公害健康被害の救済に関する特別措置法」が制定されて、認定者に医療費の給付等を行う制度がスタートし、1973年に同法を廃止して「公害健康被害補償法」（1987年に「公害健康被害の補償等に関する法律」に改正・改称された）が制定されて法的な補償認定制度ができた。しかし、認定を受けたほとんどの人が、

法律手続による補償給付によらないで、会社側から直接に補償を得るようになった。(「環境庁十年史」、「水俣病のあらまし」)

　一方、漁業被害等について、1957年には水俣漁協は新日本窒素水俣工場に対して汚水の放流中止の申し入れを行った。1959年8月には鮮魚小売組合が水俣近海の魚介類の不買決議を行い、漁業者側は収入の途を閉ざされることとなった。漁協・漁民と工場側で何度もの話し合いがなされた後、1959年8月に漁協と工場の漁業補償交渉が始まり、同月17日の第4回交渉時に漁民が工場に乱入する事態に発展した。その後も漁業者による工場への乱入事件が続いて発生し、同年12月に知事等による調停を受け入れて漁業補償契約に調印した。1968年に水俣病の原因等に関する政府統一見解が発表されたこと、また、1957年頃から続いた水俣湾地先の漁獲自主規制を1964年には解除したが、1973年頃になって再び水俣湾魚介類は水俣病の発病のおそれがあるとされて水俣湾に仕切り網等が設けられたこと、さらには1977～1990年にかけて水銀汚染汚泥の浚渫が行われたことなどの経緯の中で、再三にわたり会社側と漁業関係者の間で補償交渉等が行われた。なお、仕切り網については1995年に沖合のものが、1997年に湾口のものが撤去された。(「水俣湾環境復元事業の概要」)

　その他に1960年代には、四日市市、倉敷市水島では市場価値を失った異臭魚の買い取りが行われ、神通川下流(富山県)のイタイイタイ病発生地域では農業被害補償を求めた住民運動が、黒部市ではカドミウム汚染についての漁業者と工場側との紛争が、また、安中市(群馬県)でもカドミウム汚染米をめぐる紛争、富士市(静岡県)では製紙工場による田子の浦港の汚泥の堆積をめぐって、市民団体と工場、県の間で紛争が起こった。

　こうした事例に見られるように、環境汚染によって健康被害を受け、あるいは農水産物被害を受けた人々は、原因者と見られる汚染発生源者に対して、失われた健康、農水産被害の補償、回復を要求する住民運動を起こした。しかし、1970年頃までの段階においては、被害者・加害者の双方ともに、また、社会的・科学的にも、汚染と健康被害・農水産物被害の関係の解明、被害の算定や補償などについて十分な経験がなく、紛争を解決する適切な対応策を見いだすために長期間を要することが多かった。そのために被害を受けた側が被害に対

する納得の得られる補償等がなされない状態が長く続いた。また、このように汚染をめぐる加害・被害に関わる紛争が多発したことに対処して、社会的に対応する考え方やシステムを整える必要が生じて来ていたこと示唆するものであった。(「公害・労災・職業病年表」、「昭和46年版公害白書」)

3－2　工業立地に対する反対運動等

　東駿河湾（静岡県）地域の工業開発計画については、1963年に工業整備特別地域（特別法のもとに、1963年に全国の拠点工業開発を行うとして13か所の新産業都市、6か所の工業整備特別地域が指定された。典型的な高度経済成長期の工業開発施策の一環であった。）に指定され、石油、石油化学、電力等の企業等の立地による工業開発が具体化した。これに対して、1964年には企業が立地する関係市町において、相次いで工場進出に反対する住民組織が結成され、3月には「石油コンビナート反対・沼津市・三島市・清水町連絡協議会」が結成された。住民の反対運動の動向を背景に、5月に三島市長、9月に沼津市長が、それぞれコンビナート進出反対の声明を、10月に清水町長がコンビナート計画の自然消滅を確信する所信表明を行うに至った。こうした中で関係企業側は立地計画を撤回し、コンビナート計画は消失した。日本の高度経済成長期の中で、大規模な工業開発計画が頓挫をしたことについては、政府、経済界のみならず日本社会に大きな衝撃をもたらすできごとであった。(西岡) 当時は四日市コンビナートの稼動とともに深刻な「四日市喘息」の患者が発生していることが全国に知られるようになっていた時期であった。

　第二次世界大戦前の1937年、群馬県安中市に東邦亜鉛（株）安中製錬所（立地当時は「日本亜鉛製錬（株）」）が立地し亜鉛製錬を行い、操業開始後に田畑の農作物被害、蚕の斃死などが発生した。戦後は亜鉛、カドミウム、硫酸などを製造していたが、農作物、養蚕、山林への被害が生じた。健康影響については、疑いがもたれて調査が行われたが最終的には「カドミウム中毒患者はいない」とされた。操業開始後の被害に対して農民が工場の移転や被害補償を要求する事態となった。戦後も住民による公害対策運動が続けられたが、1968年に

工場は施設変更を申請し、東京鉱山保安監督部は1969年に認可した。これに対して、公害をさらに増加させるとして、住民309人が1969年6月に認可について行政不服審査法に基づく認可の取り消しを求める審査請求を通産大臣（当時）に申し立て、1970年2月に通産大臣が「増設に関する認可の申請書の記述に重大な誤りがあり、かつ、鉱煙処理施設が不十分である」として認可を取り消した。（大塚、「昭和45年版公害白書」）

1960年代から70年代にはこれらの他にも、各地で企業の立地に反対して住民運動が起こった。火力発電所の立地に対して各地で反対運動が起こり、地元との調整がつかず計画が進まないことによって、1970年度の着工遅れは約400万kw程度となり、電力不足が心配される事態となった。また、1970年には福島県いわき市、千葉県富津、広島県福山市等で企業による工場用地の買収計画が相次いで失敗した。（「昭和46年版公害白書」）

3-3 公害訴訟等

全国的な公害苦情件数は1966年度に約2万件であったが、1972年度には約8万7,000件に増加し、その後は6〜8万件／年で推移している。1966年度以前の全国の集計値については、経年の集計値はないが、1958年当時の苦情・陳情数が1万1,000件、大気汚染3,000件、騒音・振動8,000件という記録がある（戸引）。

1960年代から70年代によく知られる「四大公害裁判」が争われたが、この頃にはそれだけではなく、多くの公害訴訟が裁判所に持ち込まれた事例があった。1970年当時に地方裁判所で争われていた各地の公害訴訟は騒音・振動・地盤沈下に関するもの118件、そのうち訴訟88件、調停30件、大気汚染・水質汚濁に関するもの46件、そのうち訴訟45件、調停1件など、合計266件、訴訟212件、調停54件であった（「昭和46年版公害白書」）。

「公害・環境判例100選（別冊ジュリストNo.126）」によれば、1960年代に訴訟になった事例として、1961年頃から製鋼工場（名古屋市）のばいじんに悩まされた住民277名が慰謝料と工場の差止めを求めて1965年に提訴した例（伊

藤)、1960年に操業開始した工場(名古屋市)の騒音に悩まされた住民が1967年に提訴して騒音の受忍限度が争われた例(牛山)、1964年に操業を始めた板金工場(名古屋市)の騒音に悩まされた隣家の住民が逸失利益と慰謝料を請求して争われた事例(副田)などがある。

　大阪空港(現在の伊丹空港)の騒音について、1964年にジェット機が乗り入れ、1970年には2本目の滑走路が供用開始され航空機騒音が激しくなっていた。このような状況下で1969年に、住民32名が精神的・身体的被害、生活妨害等を訴えて空港の設置者・管理者の国を相手に、損害賠償と航空機の離着陸の全面禁止を求めて提訴した。1974年に地裁判決がなされた後、1981年の最高裁判決まで争われた。判決は過去の損害賠償を行うべきこと(新滑走路供用開始後に住み始めた2名については差戻し)、差止請求と将来の賠償請求については「却下」とされた。(澤井)

　後に「四大公害裁判」と呼ばれる裁判は、1967～1973年に提訴され、判決がなされた。これらの裁判は、いずれも汚染を引き起こし原告に公害被害を与えたと考えられる被告企業を相手として、損害賠償を請求するなどを内容とするものであった。(「公害保健読本」)

　1967年6月12日に、新潟水俣病について13名の原告により提訴された。これに1971年1月19日までにさらに64名の原告が提訴して、原告は77名となった。昭和電工(鹿瀬工場)に対し約5億3,000万円の損害賠償請求をするなどを内容とするものであった。1971年9月に新潟地方裁判所が、損害賠償認容額2億7,000万円などを判決し、これに対して原告、被告ともに控訴しなかったのでこの判決が確定した。判決は、鹿瀬工場の排水と新潟水俣病発生との間に法的な因果関係があるとした。また、鹿瀬工場の製造工程はチッソ水俣工場のアセトアルデヒド工場と同一であることから、判決は企業側が熊本水俣病の存在が知られ、その工場排水が原因ではないかとの疑いがあった状況を勘案すれば、自らの工場排水の危険性を検討する義務があったにもかかわらず注意を怠った過失があったとした。さらに、微量の有害物質を除去する技術がないのならば企業の操業短縮、操業停止も要請される場合がある、とした。(同)

　1967年9月、12名の原告が四日市コンビナート企業の6社を被告として、

「四日市喘息事件」が提訴された。1972年の判決では、この地域の硫黄酸化物汚染にばいじんなどの汚染が加わった大気汚染が原因と認められること、被告6企業に共同不法行為があるとした。さらに被告側が、立地にあたって事前に汚染物質の排出、地域の気象条件等と付近住民への影響等を調査研究すること、ばい煙による健康被害が起こることのないように操業することに関する注意義務を怠って漫然と操業したと指摘した。その上で被告側に約8,800万円の慰謝料、逸失利益を支払うよう判決した。この判決についても控訴されなかったのでこの津地方裁判所の判決が確定した。(同)

表 3-1 四大公害訴訟概要

件 名	新潟水俣病事件	四日市喘息事件	イタイイタイ病事件	水俣病事件
提 訴	第1次1967年6月〜第8次1971年1月	1967年9月	第1次1968年3月(1)	1969年6月
原告(原告中の患者数)	77人(56)	12人(9)	31人(2)(14)	138人(45)
被 告	昭和電工(鹿瀬工場)	昭和四日市石油、三菱油化など6社	三井金属鉱業(神岡鉱業所)	チッソ(水俣工場)
請 求	損害賠償約53,000万円	損害賠償約8,800万円	損害賠償約70,600万円	損害賠償約64,139万円
判 決	1971年9月	1972年7月	1971年9月(1972年8月控訴審判決)	1973年3月
判決概要	・工場排水と疾病の間に法的因果関係が存在すること ・安全確保に対する企業の注意義務違反	・疾患とばい煙に因果関係被告に共同不法行為責任 ・立地上の過失 ・注意義務に対する過失	・イタイイタイ病と被告の排水の間に相当因果関係の存在を認定	・被告の注意義務違反(廃液と疾患の因果関係については被告企業が認めたため争われなかった)

注1：(1)の他に、第2〜7次の提訴に係る訴訟については和解により訴えが取り下げられた。
　2：(2)について、控訴審においては原告数は34人であった。

1968年3月に、原告31人によりイタイイタイ病裁判が提訴され（第一次）、1971年の第一審の判決の後、原告、被告双方が控訴して高裁で争われたが、1972年の判決は住民側の主張を認めるものであった。この裁判では因果関係について、三井金属鉱業神岡鉱業所の廃水とイタイイタイ病とは「相当因果関係」があると認定した。なお、この裁判では被告側が鉱山であって、鉱山保安法の規定により無過失でも責任を問われることから、過失、無過失については争われなかった。（同）

　1971年に136人の原告により熊本水俣病が提訴された。この訴訟については途中で会社側が因果関係を認めたのでその点は争われなかった。1973年の判決では、化学工場では廃液中に予想外の副反応生成物が混入する可能性があるにもかかわらず、会社側は何ら納得できる対策、措置をせず、地域住民の生命や健康に対しての危害がないようにするべき注意義務を怠り、過失責任があるとし、企業側に約6億円の損害賠償を命じた。（同）

　これらの公害訴訟判決から知られるのは、環境汚染による健康影響、生活環境への影響が程度を超えれば損害賠償をせねばならないものであることを示すものであった。経済界に対して、環境保全に対する責任について考え方の転換を促した。東駿河湾（静岡県）の地域への工業立地が住民の反対運動によって中止になったことと同様に、経済界に大きな影響を与えた。さらにそれは、単に経済界だけでなく、政府、国会、さらには国民、日本社会全体に環境について基本的な政策を構築するように促すものであった。

3－4　地方における条例の制定及び環境行政組織の整備等

　環境の汚染に対応して、1949年に東京都は「工場公害防止条例」を制定した。条例では「公害」を定義して、工場の設備・作業から発生する騒音・振動・爆発・粉塵・有臭・有害なガス・蒸気・廃液等によって工場外の人や物に障害を与えること、としている。現在の環境基本法の公害の定義とは少し異なるものの基本的には同じ考え方と捉えることができる。また、工場の新設、改築、増築については知事の認可を受けるべきこと、公害防止措置をとること、公害の

おそれがある場合には公害防止設備をしなければならないこと、知事は公害防止に必要な限度において設備の使用停止、工事中止等を命じることができること、命令違反等に対しては罰則を適用すること、などを規定した。これらの規定については今日の公害規制法、都道府県の公害規制条例等においてほぼ踏襲されている。「公害と東京都」（1970）は、「当時の公害に関する社会規範意識と科学技術の低さから、公害の基準を具体的に決めることができず……徹底した規制の効果をあげることができなかった」として限界を指摘しているが、今日から見ると先駆的な役割を認めることができる。東京都は1954年には工場騒音以外の拡声器騒音等を規制する「騒音防止に関する条例」、1955年にはビル暖房の煙を規制する「ばい煙防止条例」を制定した。これらの条例では数値的な基準が設けられるようになり、公害規制に科学的、客観的に捉える方法が取り入れられた。

　1951年に神奈川県が「事業場公害防止条例」、1954年に大阪府が「事業場公害防止条例」、1955年に福岡県が「公害防止条例」を制定するなど、他の府県でも公害等に対処する条例制定が相次いだ。1965年までに10都府県が公害防止のための条例を制定し、さらに1970年までに46都道府県が条例を制定するに至った。また、札幌市が1954年に「札幌市騒音防止条例」、1962年に「煤煙防止条例」を制定するなど、市が公害、騒音の防止条例を制定する例があった。（戸引、「環境庁十年史」）

　1960年代中頃には、四日市市では公害患者の人達の治療費負担について議論が高まった。四日市市は1964年には一部の患者に医療費の補填を行った。市議会では市として医療費の全額負担をすべきとの決議がなされ、1965年2月に「四日市市公害関係医療審査会」が発足し、5月から市による医療費の救済制度が開始された。この制度では、四日市市内の一定の地区内に居住する閉塞性呼吸器疾患（慢性気管支炎など4種）の症状等を持つ人を個別に審査して相当と認める人に医療費を公費負担する、とするもので地方が環境汚染による被害を受けた場合の医療費を負担する初めての制度であった。市が1964～1968年に負担した医療費は4千万円を超えた。（「四日市公害・環境改善の歩み」）

　その後、1966年9月から新潟県が水俣病の要観察者の医療費等の支給を行い、

1968年1月に富山県がイタイイタイ病患者・要観察者を対象とする要綱を制定して医療救済を行った。その他にも1967年に新南陽市（山口県）、1968年に高岡市（富山県）、1971年に堺市（大阪府）、1972年に東京都、名古屋市などが、それぞれ要綱、条例等により医療救済等を行ったが、これらはいずれも法制度に基づく救済制度、補償制度の創設前に自治体が独自で行った救済制度であった。（「公害保健読本」）

　自然保護施策については、1960年代に入ってから地方が自然保護条例を制定する動きが拡大し、1972年度末には41都道府県において自然保護条例が制定された（「昭和48年版環境白書」）。自然保護については、自然公園法（1931年制定時には国立公園法。1957年に改正・改称。）があり、これにより指定された国立公園、国定公園、都道府県立自然公園については保護措置がとられるが、条例は県域の自然保護に関する基本的な事項を定める基本条例タイプのもの、道路沿道の景観に配慮しようとするタイプ、保護しようとする地域の行為を規制するタイプなどがあった（「昭和47年版環境白書」）。また、この頃から町並み保存等の景観の保全について、地方条例、要綱の制定が徐々に全国に広がった。

　都道府県における公害専門課（室）の設置は、1960年に始まり、1969年には28に、1970年には全都道府県に整備された。試験分析機関については少し遅れるが、1971年までに15団体において、70年代末までには全都道府県に公害センター、公害研究所あるいはそれに類する機関が設置された。国において公害の担当課が設けられたのは、1963年に通産省（当時）に産業公害課が、1964年に厚生省（当時）に公害課が設けられたが、1967年にはそれぞれ立地公害部、公害部に格上げされた。その後、1970年には政府に総理大臣を責任者とする公害対策本部が発足し、1971年7月に環境庁が発足（2001年から環境省）し、1974年3月に国立公害研究所（1990年に環境研究所に改称。現在は独立行政法人。）が発足した。（「環境庁十年史」）

3－5　地方自治体等と企業の間の公害防止協定

　横浜市は1950年代の後半頃から根岸湾に新しい工業地域を造成し企業を誘致していったが、1959年に日本石油の操業開始とともに同工場による騒音苦情が続出した。1960年には磯子区医師会が公害発生のおそれがあるとして市長に陳情書を提出し、市長は陳情書の写しとともに公害防止に配慮するようにとの文書を企業側に送付した。1964年頃になると公害防止を求める世論が大きくなり、市民組織も結成されるようになった。そのような状況下で、用地を取得していた東京電力（株）が、電源開発（株）に用地を譲渡したいとして市に同意を求めた。横浜市は電力開発に対して公害対策を求めることについて法的な権限は何もなく、また、法的にも具体的な公害規制はほとんどなされていない段階であったが、用地譲渡の同意を期に会社側に対応を求めることができるとの考えから、1964年12月に会社側に当時としてはかなり厳しい具体的な公害対策を申し入れて、これを会社側が受け入れた。これを最初の例として、横浜市は1969年までに主要な立地企業との間で公害防止に関する取り決めを次々に結び、後に、地方が公害防止協定によって企業に対して具体的な対策を求める動きに大きな影響を与え、「横浜方式」と呼ばれた。（鳴海）

　この例のような企業と地方自治体が公害防止について約束をする手法は、1952年に島根県が製紙工場との間で覚書を取り交わした例のように、横浜の事例以前から存在したが、横浜の事例が大きく知られるようになって全国に波及した。協定、覚書、往復書簡などの種々の形がとられ、また、その協定等の当事者については、都道府県と企業によるものの他に、市町村と企業によるもの、都道府県・市町村・企業の3社によるもの、住民が加わるものなどがあった。1970年頃までには全国で497に達した。その後も増加して、公害防止協定を締結した事業所数は1980年10月までに1万7,841件、1990年9月末時点で有効な協定数は3万5,256件となった。（「昭和57年版環境白書」、「平成3年版環境白書」、第12章「12-3」参照）

　当初は横浜市の例のように、公害防止協定は、公害規制の権限がなく、また、公害規制が不十分であった時期に、県レベルの行政が企業に対して具体的な対

策を求めて有効であった。1970年代以降には、大気汚染、水質汚濁等の公害規制法の整備が進んで都道府県には公害規制権限の多くが集中するようになったが、県レベルの公害防止協定は法律の規制よりも厳しい対策を求める場合や、あるいは市町村や住民が企業に対して対策を求める場合に有効に働いた。

3－6　基本的な理念、施策の必要性

　戦後の復興期から1960年代の半ば頃までは、公害病、農水産物被害、大気汚染・水質汚濁・騒音・地盤沈下等の環境汚染・環境問題、公害苦情・公害紛争等の様々な問題が全国各地で問題となった時期であった。こうした問題に基本的に対処する社会制度が確立されていなかったために、1960年代には被害者・加害者の間で被害の補填をめぐって紛争が起こり、被害者である住民からの苦情等を直接に聞かねばならない地方自治体は条例等を制定し、また公害に対処する行政組織を整備して対処せざるを得ない状況となり、国は対症療法的に地盤沈下・水質汚濁・大気汚染の対策のための立法を行った。しかし、問題の量的な広がり、質的な多様化、未解決のままに残される被害補償問題と加害責任、経済活動の拡大による環境への負荷の増加等々の状況を勘案すると、公害に対処する基本的な考え方、公害対策についての国・地方自治体・事業者・国民の基本的な役割分担の明確化、公害健康被害の補償、環境汚染の規制、環境保全のための環境基準、また、環境汚染の未然防止など、公害に対処する政策を樹立しなければならないとの社会的な認識が高まっていった。

　1963年に四日市市を視察した後に、時の厚生大臣が公害対策基本法の制定を検討すべきとの発言を行った。1964年12月には日本弁護士連合会、国土を美しくする運動中央委員会から、別個に政府に対して公害に関する基本法制定の要望がなされた。1965年には社会党、民主社会党（いずれも当時の野党）から、それぞれに公害対策基本法案が国会に提出された。1966年にも野党側からの提案がなされたがいずれも成立に至らなかった。（橋本・倉田）

　1965年までの段階では当時の総理大臣は「公害対策基本法は時期尚早」との見解を示していた。しかし1966年の国会質疑ではその総理大臣が「公害対策、

これは産業以前の問題……審議会等におきまして、さらに立法措置を必要とするということであれば進んで立法措置をとっていく……」と答弁し、翌年の1967年には厚生省（当時）が作成した公害対策基本法案が閣議決定され、国会に提案された。この国会には社会党、民主社会党、公明党からも法案が提出されたが、与野党の調整などを経て、政府案を一部修正して可決成立した。（同）

この公害対策基本法の制定に至る経過から知られることは、各地の公害病や農水産物被害に係る公害苦情・公害紛争・公害裁判、東駿河湾地域に代表される工業立地への反対運動、地方自治体による独自の公害規制や被害救済の動向などのように、基本的、包括的な公害対策への枠組みを構築することが避けられない社会的な背景が存在したことであった。

第4章
公害対策基本法の制定と施策の展開

4－1 公害対策基本法の制定と「公害国会」及び環境庁の発足

　1967年に公害対策基本法が制定された。憲法に公害や環境に関する規定がなされていないので、この法律は環境の汚染対策について基本的な考え方と政策の枠組となる事項を定めて、1993年に制定された環境基本法に吸収されて廃止されるまでの間、役割を果たした。

　公害対策基本法は制定目的を、国民の健康を保護し、生活環境を保全することとした。工業化、都市化、さらには豊かさを求める国民生活の質の変化等は、公害による健康被害や生活環境への被害、廃棄物の問題、都市公害問題、自然環境破壊等の環境問題を生じさせた。最も基本となる環境の価値についての考え方が確立されていなかったために、1950〜1960年代の環境の諸問題の解決にあたって困難な場面があった。公害対策基本法において公害から国民の健康を保護し生活環境を保全することが基本理念として明記された。

　これをめぐって議論された点があった。それは、制定当初の第1条第2項に「2　前項に規定する生活環境の保全については、経済の健全な発展との調和が図られるようにするものとする」としたことであった。この点について、1966年12月時点における厚生省（当時）試案ではこの表現はなく、翌年2月に内閣から公表された試案要綱において、「……経済の健全な発展との調和を図りつつ、生活環境を保全し……」という表現が挿入されたが、このことについて、「厚生省の試案の意に反して書き加えられた」（橋本）、また、「通産、経企庁な

どの強硬な巻き返し」(産経新聞、1967年2月3日)があったことによるものであり、公害対策基本法の制定当初から、環境が経済に譲歩するもの、あるいは経済を環境に優先するものとの批判があった。

1970年のいわゆる「公害国会」では、「福祉なくして成長なしの理念を明らかにし、国民が健康で文化的な生活を確保するうえにおいて公害が極めて重要である旨を明確にするため」(「昭和45年版公害白書」)に、いわゆるこの「経済調和条項」は削除された(第11章「11-1」参照)。

公害対策基本法は、公害対策について事業者、国、地方公共団体、住民のそれぞれの責務を明記した。事業者について、事業活動に伴うばい煙・汚水・廃棄物等の処理等による公害の防止措置、国・地方公共団体の施策への協力、製品が使用されることによる公害発生の防止努力などの責務があるとした(第3

参考：公害対策基本法の経済調和条項とその削除

制定当初の公害対策基本法(昭和42年8月3日法律第132号)の目的
(目的)
第1条　この法律は、事業者及び地方公共団体の公害の防止に関する責務を明らかにし、並びに公害の防止に関する施策の基本となる事項を定めることにより、公害対策の総合的推進を図り、もって国民の健康を保護するとともに、生活環境を保全することを目的とする。
2　前項に規定する生活環境の保全については、経済の健全な発展との調和が図られるようにするものとする。

⇩

1970年改正後の公害対策基本法(改正・昭和45年12月25日法律第132号)の目的
(目的)
第1条　この法律は、国民の健康で文化的な生活を確保する上において公害の防止が極めて重要であることにかんがみ、事業者及び地方公共団体の公害の防止に関する責務を明らかにし、並びに公害の防止に関する施策の基本となる事項を定めることにより、公害対策の総合的推進を図り、もって国民の健康を保護するとともに、生活環境を保全することを目的とする。

条)。国について「国は、国民の健康を保護し、及び生活環境を保全する使命を有することにかんがみ、公害の防止に関する基本的かつ総合的な施策を策定し、及びこれを実施する責務を有する」(第4条)とした。地方公共団体に対しても国に準じた責務、特に地域の自然的、社会的条件に応じた施策の策定、実施の責務があるとし(第5条)、住民に対しては、国・地方公共団体の公害防止施策への協力などの公害防止への寄与の責務があるとした(第6条)。

1967年の公害対策基本法の制定の後、同法に基づく公害を規制するとした考え方、その他の公害対策施策が具体化するようになった。1968年に大気汚染防止法(1962年制定のばい煙規制法を廃止)、騒音規制法が制定された。1969年には「公害に係る健康被害の救済に関する特別措置法」が制定されて、水俣病、イタイイタイ病、四日市喘息、慢性砒素中毒などのいわゆる公害病と認定する人々の医療費支給などが行われるようになった。この救済措置は後に四大公害裁判の判決などを経て、1973に公害健康被害を補償する制度に発展した。1970年には公害紛争処理法が制定されて、被害者が簡易な手続きで公害のあっせん、調停等を受けることができる制度、公害苦情があれば地方自治体で処理する窓口を設ける制度が整えられた。

公害対策基本法は公害の未然防止の考え方を示し、政府に対して、土地利用について必要な規制の措置、公害が著しく、または著しくなるおそれのある地域について、公害の原因となるおそれのある施設の設置を規制する措置を求め(第11条)、都市開発、企業誘致等の開発整備にあたって公害防止について配慮を求めた(第17条)。また、現に公害が著しい地域で総合的な公害防止施策を必要とする地域、急速な人口集中・産業集中が進むことが見込まれるために総合的な公害防止施策を未然に講じることを必要とする地域について「公害防止計画」を策定する規定を設けた(第19条)。

1967年の公害対策基本法制定の後、政府において対応するべき施策は増加し、公害防止計画の策定は当時のほとんどの省庁に関係し、その他の公害対策に必要な施策についても、それぞれに多くの省庁に関係した。公害対策基本法は総理府(当時)に、内閣総理大臣を会長とする「公害対策会議」を設けて、公害防止計画、その他の公害防止に関する基本的・総合的施策の実施を推進する(第

25条）としていたが、政府内における公害対策の推進機構を強化するべきという意見が強くなり、1970年7月に閣議決定により内閣総理大臣を本部長とする「公害対策本部」が設置された。本部は公害に関し講ずべき施策の整理・推進、関係行政機関の施策・事務の総合調整を行うなどの機能を持って、内閣に直属の機関と位置づけられた。(「環境庁十年史」)

　公害対策本部のもとで公害防止計画の策定に関する関係県の支援と承認、公害対策基本法のいわゆる経済調和条項の取扱い、その他の公害関係諸法令の改正、制定などの検討が進められた。その結果1970年11月招集の第64国会に14件の公害関係法律案が提案された。主なものは公害対策基本法の経済調和条項の削除に関する改正、大気汚染防止法について適用地域を指定地域制としていたことを改めて全国に適用するなどとする改正、水質汚濁防止法を制定して全国を同法の対象地域として排水を規制するとする新たな立法（これにより1959年制定の「工場排水の規制等に関する法律」、「公共用水域の水質の保全に関する法律」を廃止）、「廃棄物の処理及び清掃に関する法律」を制定して産業廃棄物にも対処して廃棄物に関する総合的な処理・処分について規定する立法（これにより1954年制定の清掃法を廃止）、公害対策基本法の規定に基づいて「公害防止事業費事業者負担法」を制定して公的に実施された公害防止事業費について汚染原因事業者に負担を求める立法、などの14件の制定、改正であった。この国会では多くの主要な立法措置がなされたことから、「公害国会」と呼ばれるようになった。(「環境庁十年史」)

　公害対策本部は重要な役割を果たしたが、閣議決定によって設けられた臨時的な機関であった。実質的な公害施策は関係省庁が行っていた。公害施策、自然環境保護について政策立案と規制権限などを有する恒久的な機関を設けるべきとの考え方が強まった。1970年末の予算編成の過程で時の総理大臣の決断によって環境庁の設置が決定された。1971年7月に、国務大臣を長官とし、公害規制、自然環境保護の実務とその他の環境保全について企画調整を行う環境庁が発足した。(「環境庁十年史」)

　しかし、廃棄物に関する行政は厚生省（当時）に、下水道は建設省（当時）に、自然公園以外の林野については農林省（当時）、廃棄物行政は厚生省（当

時）に残されたままとなった。なお、2001年の国の省庁等に係る大規模な行政改革時において、廃棄物に関する行政は環境省（2001年改革時に環境庁から環境省に昇格）に移管された。

4－2　公害、環境基準および公害規制

　公害対策基本法において「公害」が定義されて、「事業活動その他の人の活動に伴って生ずる相当範囲にわたる大気の汚染、水質の汚濁、騒音、振動、地盤の沈下、悪臭によって、人の健康又は生活環境の係る被害が生ずること」とされた。この定義により「公害」は、人為的なものに限定して自然災害は含まないこと、地域的な広がりについて「相当範囲にわたる」ものであること、健康被害及び農水産物被害・その他の財産被害などの生活環境への被害が生ずることとされた。大気汚染等の6項目が公害とされ、放射性物質による環境汚染、日照障害、人工光による障害、電波障害などは、この法律における公害の対象とされなかったが、公害対策基本法の制定に先立って審議、答申した「公害審議会答申」（1966年10月）では、「今後における社会的諸事情の進展により必要に応じこれを施策の対象として追加していくという態度で望むべきであろう」という考え方が採られた。なお、1970年の公害対策基本法の改正時に「土壌の汚染」が追加された。また、「水質汚濁」についてであるが、農薬による汚染を含み、温排水・着色などの水の状態の悪化、水底のヘドロの堆積・汚染のような「水底底質の悪化」が含まれる。公害対策基本法は1993年に環境基本法に吸収されて廃止されたが、この公害の定義はそのまま環境基本法に受け継がれている。

　公害対策基本法は「環境基準」という概念を導入した。「人の健康を保護し、及び生活環境を保全するうえで維持することが望ましい基準を定める」とした。これは公害病の発生や生活環境被害の発生をなくすようにするために、環境の質の維持されるべき基準を定めるとしたもので、公害に関する施策において目標とされる最も基本的な基準である。公害対策のための発生源の規制、土地利用規制、環境影響評価における開発行為の審査、行政計画・立法措置等において

て、達成・維持することが目標とされて重要な役割を果たした。環境基準を定める公害は大気汚染、水質汚濁、騒音とされ、後に土壌汚染が追加されたが、振動、悪臭、地盤沈下については、公害対策基本法制定当時には大気汚染等と同一には扱えないとして、環境基準の設定は行わないこととされた。「維持されることが望ましい基準」ということについては、望ましいレベルの基準を定めて公害対策における政策目標とするとの考え方がとられた。このような考え方によらない環境の質の考え方については、維持されるべき最低限度、あるいは耐え得ることのできる限度ともいえる許容限度、受忍限度があるが、そうしたものではなく、目標とされるレベルとされた。やがてこの規定にしたがって、大気汚染、水質汚濁、騒音、土壌汚染の環境基準が具体的な数値で決められ、それを維持、達成するという環境政策体系の基本的な役割を担ってきたが、環境基準は環境基本法に受け継がれて今日に至っている。（橋本・蔵田）

　公害対策基本法は公害規制について、公害を防止するために事業者が遵守するべき基準を定めるなどの規制を行うことについて規定した。既に、1967年の基本法の制定時には大気汚染、水質汚濁、地盤沈下の規制措置がとられていたが、公害対策の基本となる公害規制の必要性を公害対策基本法において明記した。規制値をどの程度に設定するかについては、技術の水準が考慮されること、また、環境基準との関係が確保されることが想定された。（同）

　大気汚染規制については1962年制定のばい煙規制法、水質汚濁規制については1958年制定の水質保全法と工場排水規制法、地盤沈下対策のための規制について1956年制定の工業用水法と1962年制定の建築物用地下水採取規制法があったが、公害対策基本法の制定の後、1968年に大気汚染防止法（ばい煙規制法を廃止）、騒音規制法、1970年に水質汚濁防止法（水質保全法、工場排水規制法を廃止）、1971年に悪臭防止法、1976年に振動規制法が制定され、公害を規制している。

　大気汚染と水質汚濁については、発生源が集中する大規模工業地帯や都市地域では個別の発生源規制では環境を保全することができないことが判明してきた。1970年代に、大気汚染について地方自治体が独自に大気汚染の総量規制の制度を設けるようになった。1972〜1973年に三重県四日市市、岡山県水島地

域等において条例や行政指導による二酸化硫黄・二酸化窒素汚染の改善を目的とする硫黄酸化物、窒素酸化物の総量規制制度が取り入れられるようになった。1974年に大気汚染防止法を改正し、総量規制を行う制度が導入された。1978年までに全国の24地域において硫黄酸化物の総量規制が実施された。また、1985年までに東京都特別区など、神奈川県横浜市・川崎市など、大阪府大阪市・堺市などの3つの地域で窒素酸化物の総量規制が実施された。水質汚濁に関しては1973年に「瀬戸内海環境保全臨時措置法」(1978年に改正・改称されて「瀬戸内海環境保全特別措置法」)によって、また、1978年の水質汚濁防止法の改正によって、総量規制の制度が導入された。

4-3 公害被害救済と公害紛争処理

1967年の公害対策基本法の制定の背景には、水俣病、イタイイタイ病、四日市喘息などの公害病が社会的に大きな問題となっていた背景があった。また、1965年2月には四日市市が独自に四日市喘息に罹った人に医療費を支給する制度を設けたように、地方自治体の一部では公害の健康被害の医療費の支給等を行う例があった。公害対策基本法は、「政府は、公害に係る被害に関する救済の円滑な実施を図るための制度を確立するため、必要な措置を講じなければならない」(第21条第2項)とした。

1968年に水俣病、イタイイタイ病について政府の統一見解が出された。また、1967年に新潟水俣病、四日市喘息についての公害裁判が提起され、1971〜1973年にその他の2件の公害裁判と併せて「四大公害裁判」の判決がなされて発生源の損害賠償責任が明確にされた。公害対策基本法が制定された1967年は、水俣病、イタイイタイ病の政府レベルの見解が出される前の段階、公害裁判の判決のなされていない段階であって、公害についての因果関係の議論、過失・無過失の議論、公害の損害賠償責任の議論が社会的に未確定の段階であった。こうした状況から、公害対策基本法第21条第2項の公害被害の「救済」に関する規定は、公害の被害、加害、損害賠償などについて、直接に言及するのではなく、現実に起こっている公害病について、政府に対して被害の救済に関する

救済の円滑な実施を求めたものであった。1969年には「公害に係る健康被害の救済に関する特別措置法」が制定されて、水俣病、イタイイタイ病、大気汚染系の呼吸器症状等について、医療費の支給等の救済がなされるようになった。（「昭和45年版公害白書」）

なお、公害病に対する損害補償の制度は、水俣病、イタイイタイ病の政府統一見解が出され（1968年）、四大公害裁判の判決と確定（1971～1973年）などを経て、1973年に「公害健康被害補償法」（1987年に「公害健康被害の補償等に関する法律」に改正・改称）において確立されることとなった。

公害対策基本法は公害紛争の処理について「公害に係る紛争が生じた場合における和解の仲介、調停等の紛争処理制度を確立するため、必要な措置を講じなければならない」（第21条第1項）と規定した。1960年代の後半頃から全国の地方自治体等に寄せられる公害苦情は年間数万件に及ぶようになった。その一部は四大公害裁判を代表例とするように法廷に持ち込まれた。公害における紛争、損害賠償請求等については、民事上の手続によって法廷で争うことは可能であるが、訴訟における加害、被害の立証は難しく、特に公害の健康被害、生活環境への支障を被害者が立証することは一般的には困難であるし、また裁判は長期間を要することが多い。そうした公害紛争の特徴を踏まえて、公害の迅速な解決を図るための制度を想定して規定された。また、同時に数万件に及ぶ公害苦情を地方自治体に窓口を設けることで適切な措置をとることも併せて想定されていた。このような主旨から1970年に「公害紛争処理法」が制定された。同法では公害紛争をあっせん、調停するなどのために国と都道府県に紛争処理機関を設けること、都道府県、市町村が公害苦情処理のための職員を配置することなどを規定した。（「昭和47年版環境白書」）

4－4　公害の未然防止施策等

公害対策基本法では公害の未然防止の考え方が取り入れられた。土地利用規制による必要な規制措置、公害が著しく、または著しくなるおそれのある地域への公害原因施設設置の規制措置、都市開発・企業誘導等の地域開発の策定・

実施における公害防止配慮などが明記され、都市計画法、建築基準法による土地利用規制、首都圏整備法、近畿圏整備法等による施設の設置規制、「工場立地の調査等に関する法律」による工場の事前届出制などに、また新産業都市建設基本方針などにおける公害防止への配慮などに反映された。

　公害防止のための「公害防止計画」を必要な地域について策定、実施することが規定された。この計画は、現に公害が著しい既汚染地域、及び未汚染であるが公害が著しくなるおそれがある地域について、内閣総理大臣が地域を定め、基本方針を示して都道府県知事に策定を指示し、関係知事が策定するものとされた。未汚染地域について、汚染のおそれがあれば計画を策定するとしたことは、未然防止の考え方によるものであった。基本方針には公害防止の目標が具体的な数値によるものも含めて示され、その目標を達成するために総合的な公害防止施策を策定するものとされた。京浜、阪神地域や四日市市などが既汚染地域、水島（岡山県）などが未汚染ながら放置すれば汚染のおそれある地域と想定された。公害対策基本法に基づく第一次の公害防止計画の策定について、現に公害が著しい地域として三重県四日市地域、公害が著しくなるおそれがある地域として千葉県千葉・市原地域、岡山県水島地域が第一次策定地域として指定され、1969年に基本方針が示され、策定作業が行われた後に1970年12月に計画が策定されて実施された。その後、全国の主要な都市地域・工業地域について公害防止計画が策定、実施されてきており、公害対策基本法は廃止され、環境基本法（1993年制定）に吸収されたが、公害防止計画に関する規定は環境基本法に引き継がれて今日に至っている。

　公害対策基本法は、事業者がその事業活動による公害を防止するために、国、地方公共団体が実施する事業について、費用を負担すること、別の法律によって事業者負担の算出方法等を定めることを規定した。この場合の事業は、堆積汚泥の除去・浚渫、緩衝緑地造成などで、事業が行われることによって事業者による公害が避けられ、損害賠償を逃れるようなものである。事業者が公害の規制による基準値を遵守するために行う公害防止投資は、直接に原因者として費用負担をするものであるが、この規定による費用負担は間接的に責任を負うものである。この規定により後に1970年に「公害防止事業費事業者負担法」

が制定された。また、この規定は環境基本法に引き継がれている。

4-5 事業者への融資等

公害対策基本法は事業者に対する助成について規定した。「国又は地方公共団体は、事業者が行う公害の防止のための施設整備について、必要な金融上及び税制上の措置その他の措置を講ずるよう努めなければならない」(第24条第1項)、また、中小企業者に対する配慮の必要性についても言及した(同第2項)。

公害対策基本法が制定される前に、既に1965年に「公害防止事業団法」が制定され、これにより設立された事業団は共同公害防止施設、工場移転用地の造成・譲渡などと併せて、公害防止施設の設備融資が行われるようになっていた。1965～1970年度に公害防止事業団による設置・譲渡事業は49か所、約300億円、貸付事業による貸付は235件、約180億円であった(公害防止事業団は1992年に環境事業団に改称されて事業を行ってきたが、2004年に廃止され、事業の多くは、特殊会社・日本環境安全株式会社、及び、独立行政法人・環境再生保全機構に引き継がれた)。また、1965年以降、中小企業設備近代化資金、中小企業振興事業団等による貸付けなどが行われるようになっていた。1967～1968年にかけて、地方自治体による融資制度が急増し、助成・利子補給も行われるようになった。1968年度に融資制度を持つのは50自治体、融資額は約46億円であった。また、税制上の配慮としては1967年当時に、ばい煙・汚水の処理施設に対して耐用年数を短縮して特別償却を認める制度等が実施されていた。公害対策基本法の事業者に対する配慮の規定は、既に実施されていたこのような制度を念頭においており、特に中小企業への配慮の規定(第24条第2項)については、国会審議の過程で修正して導入された。(橋本・蔵田、渡辺、「昭和46年版公害白書」)

この考え方に基づく実際の助成等についてであるが、「昭和51年版環境白書」によれば、1975年度に公害防止事業団が、公害防止施設の建設・譲渡、公害発生企業の集団化・工業用地造成などの造成事業、公害防止施設を設置しようとする事業者に対する資金融資事業について、合わせて約1,500億円の事業規模

であった。また、中小企業設備近代化資金、日本開発銀行、その他の金融機関などにより、大気汚染・水質汚濁対策設備、鉱害防止設備、廃棄物の有効利用設備、畜産経営に関係する環境汚染対策に必要な設備などへの融資が行われた。同白書はこのうち日本開発銀行による融資が約2,200億円規模になったことを記述している。さらに、税制上の措置として、公害防止設備、廃棄物再生処理施設に対する税制上の特別償却に関する措置、最新（当時）の自動車排出ガス規制適合車に対する税制上の優遇措置などが実施された。（「昭和51年版環境白書」）

1993年に公害対策基本法が廃止され、環境基本法に吸収されたが、経済上の助成措置の考え方は「経済的措置」として引き継がれ、汚染物質、廃棄物、温室効果ガスなどを排出する者がそれらを低減することを助長するための経済的な助成を行うことを規定した（環境基本法第22条第1項）。現在においても、小規模企業設備資金、日本政策投資銀行、その他の政府関係機関による融資が行われ、また、低公害車に対する自動車取得税の特例措置などが行われている（「平成17年版環境白書」）。

4－6　公害対策基本法と地方公共団体との関係

公害対策基本法は、地方公共団体が国に準じた施策を講ずること、地域の自然的・社会的条件に応じた公害防止施策を策定・実施することを規定した。地方公共団体の施策は、「法令に違反しない限りにおいて……実施するものとする」（第18条）とされ、これは法と条例において維持されるべき基本的な関係を記述したものである。1967年当時において制定・施行されていた公害関係法としては地盤沈下に関係する工業用水法、建築物用地下水採取規制法、大気汚染に関係するばい煙規制法、水質汚濁に関係する水質保全法、工場排水規制法等があったが、いずれも指定地域制を採っていた。1970年頃にはすべての都道府県が公害防止条例を制定していたが、それらの中には法律による指定のなされていない地域について、法に準ずる規制を行おうとするもの、当時法規制のなかった騒音について規制するものなどがあった。ところが、公害対策基本法

制定後に1968年にばい煙規制法を廃止して大気汚染防止法が制定され、騒音規制法が新たに制定され、さらに1970年には水質汚濁防止法が制定された（工場排水規制法、水質保全法は廃止）。水質汚濁防止法及び1970年に改正された大気汚染防止法は全国に適用する考え方をとり、指定地域制をとらなかった。騒音規制法は指定地域制をとったが、騒音の法規制は初めて行われるものであった。これらの法律の制定によって、地方条例は法令に違反しないよう、あるいは法令との重複を避けるような措置を講じなければならないこととなった。

　具体的な法規制と地方条例との関係、条例によって必要な規制を行うことができる範囲については、個別の規制法において明記された。大気汚染防止法、水質汚濁防止法は、一部の規制項目について条例において法規制よりもより厳しい規制基準を設けることができることが規定された。この考え方は条例による「上乗せ規制」と呼ばれた。また、法律による規制対象施設以外の施設施設について規制できることを規定したが、これによって法規制規模未満の規制を条例で行うことを「下出し規制」、施設の種類として法規制されていない施設を条例で規制することを「横出し規制」と呼ぶことがあった。その後、多くの自治体で条例による地域独自に必要な規制を行うようになった。

4-7　公害対策基本法の役割の限界

　公害対策基本法の制定前には、経済的な成長によって環境汚染により社会的な問題を生じているにもかかわらず、公害対策の基本的な考え方が存在しなかった。公害対策基本法は日本の公害対策の基本的な考え方や政策の枠組を規定して重要な役割を果たした。しかし、盛り込まれてもよいと考えられるいくつかの規定については過渡期にあったために規定されなかったし、また、「公害」についての基本法であったことから、今日において「環境」の視点から捉える公害以外の政策・施策は規定しなかった。なお、公害防止に関する施設の整備等の推進（第12条）における施設として、下水道整備、清掃施設整備、公園緑地整備、都市改造等について本来の機能とともに公害防止の役割を有するものと想定されていた。

公害対策基本法は健康被害補償を規定しなかった。1967年の基本法制定時には、まだ、四大公害裁判の提訴がなされる段階であったし、水俣病、イタイイタイ病の政府の公式見解がなされる以前の段階であった。公害健康被害については救済措置を講ずるべきとの規定にとどまった。公害病について汚染と発症の因果関係の医学・科学的な研究結果等が出そろい、四大公害裁判の判決が確定して企業側の責任が明確にされ、公害対策基本法制定から6年後の1973年に公害健康被害補償に関する立法措置がなされた。

「無過失責任」については公害対策基本法制定から5年後の1972年に導入された。無過失責任は、公害による被害について、発生原因者が規制基準違反のような過失がない場合にあっても責任を伴うとの考え方である。水俣病裁判、四日市喘息裁判では、過失・無過失が争われ、被告側には具体的な法規制違反がなかったが、判決では一般的に「化学工業を営む企業は……有害物質を企業外に排出することがないよう……安全に管理する義務がある……」(井上)との例のように、「過失」を言及して損害賠償責任を認めた。これに対して、イタイイタイ裁判の場合には、発生源企業は鉱山保安法が適用される鉱山であり、同法では無過失責任規定があったために、被告の過失・無過失は争われなかった経緯がある。規制基準に違反しない汚染物質の排出状態であっても、公害被害が起こらないとはいえないことから、無過失責任を公害において規定する意味がある。しかし、公害対策基本法に無過失責任は規定されなかった。無過失責任については公害対策基本法案の国会審議の段階で議論がなされ、法案を提出した政府側から検討するとの考え方が示された。衆議院における採決にあたって「公害を発生させた事業者についての無過失損害賠償責任についても、逐次その制度が整備されるよう努めること」との附帯決議がなされ、参議院の採決においても同じ趣旨の附帯決議をした。後に1972年に大気汚染防止法、水質汚濁防止法を改正して、健康被害に限り無過失責任を求める制度を導入した。

公害対策基本法が環境影響評価を規定しなかったことは後に法制度の導入を遅らせることになった。環境影響評価制度が初めて法制化されたのは1969年制定のアメリカの国家環境政策法とされる。1960年代の後半頃から通産相、厚生省(いずれも当時)が公害の事前調査を行って必要な施策を検討・公表す

る事業を行っており、また、1967年制定の基本法は公害の未然防止の考え方を規定したが、法律に基づく制度として環境影響評価について触れなかった。後に1972年に政府が「各種公共事業の環境保全対策について」を閣議了解し、政府関係機関等が行う事業、地方公共団体が行う事業で国が補助金交付、許可、認可するものについて、公害発生、自然環境破壊などのないように留意すること、環境影響、環境破壊の防止策、代替案をあらかじめ調査・研究し、所要の措置をとるように指導することなどのあり方が示された。これを契機として、1970年代の後半頃から、関係省庁による行政指導、地方自治体の条例等による環境影響評価が行われた。1981年には環境影響評価法案が国会に提出されたが、経済界の反対等を背景として1983年の国会解散とともに廃案となり、法制度としては環境基本法制定（1993年）後の1997年に環境影響評価法が制定されるまで持ち越された経緯があった。

　公害対策基本法は、公害対策の政策システムといえるものであるので、廃棄物の処理・処分、自然保護については制定当初には記述がなされていなかったが、1970年改正時に、公害防止に必要な施設として廃棄物の公共的な処理施設の整備を推進すること、公害の防止に資するよう緑地の保全・自然環境保護に努めることを追加して記述した。廃棄物の処理・処分については1970年制定の廃棄物処理法、自然環境保全については1972年制定の自然環境保全法等において、それぞれ政策等が進められた。

　地球環境問題については、1972年開催の国連人間環境会議における「人間環境宣言」においても十分に言及されていない状況であった。日本における地球環境保全の議論は1980年代頃になって少しずつ高まっていった。したがって公害対策基本法においては地球環境保全については何ら記述されなかった。

　公害対策、廃棄物処理処分と資源リサイクル、自然環境保全、地球環境保全が環境政策として統合されたのは1993年制定の環境基本法においてであった。

第5章
国民意識の変化と
公害健康被害補償・公害紛争処理

5-1 国民の公害に対する意識の変化

　1967年に公害対策基本法が制定された頃から、公害に対する国民の関心が急速に高まった。1966年度から公害苦情の全国的な集計が行われるようになった。1966年度の苦情件数は2万502件であったが、6年後の1972年度には8万7,764件に達し、その後は年間に約7万件から10万件程度の範囲にある。1960年代後半の急激な公害苦情件数の増加は、一方では苦情の原因となるような工場の増加、自動車の増加、新幹線鉄道や道路交通網の整備など、大気汚染、水質汚濁、騒音、悪臭などの苦情の原因となる活動が全国的に増えたことが挙げられるが、一方では国民の意識がまわりに起こる公害を我慢せずに、市町村、県庁などに苦情を申し立てるようになったことにも関係している（「昭和49年版環境白書」）。

　その頃の総理府（当時）の世論調査の結果から1960年代後半から1970年代にかけて、国民が公害に対して考え方を転換したことがうかがえる。1966年、1967年の「公害に関する世論調査」は、「公害を絶対に許せない」とする人の割合が27％程度、「公害はやむを得ないこと」とする人の割合をわずかながら下回り、「障害の程度による」とする人の割合が40％弱であった。しかし、1972年度、1973年度の調査では、「公害を絶対に許せない」とする人の割合は50％程度に達し、「公害はやむを得ないこと」とする人の割合、約20％、「障害の程

度による」とする人の割合が約25%を大きく上回った。（安部）

　1971年に実施された総理府世論調査は「工場全体の排出物を厳しく規制する」ということに90%の人が賛成し、経済的に理由からこれに反対する人は0.2%であった。国民は企業に対して対策を求めると同時に、行政に対して対策の遅れを指摘する声も強かった。1970年のNHKの世論調査は、公害の原因として挙げた理由として企業の責任不足を22%の人が指摘すると同時に、行政の対策の遅れを26%の人が指摘した。都市計画の不備（16%）、社会資本整備の遅れ（7%）を含めると約50%近い人が行政施策における対応の遅れを指摘した。

　世論を反映して産業界に意識の変化が見られるようになった。1970年にNHKが主要企業100社の社長に対して行った調査で、「経済成長のためにはある程度の公害発生は許される」、「公害の発生は止むを得ないので適当な補償をすべきだ」とする公害防止に消極的意見が約半数、「経済成長を抑えても公害防止に努めるべきだ」とする積極的意見は34.5%であった。しかし、2年後に1972年のNHKによる同様の調査では消極的意見は22%に減り、積極的意見が63%に増えた（「環境庁十年史」）。

　経済成長に対する国民意見についてもこの頃に変化が見られた。NHKによる世論調査で、1969年に高度経済成長を続けることに賛成（望ましい、よい）とする人は43%で、逆に高度経済成長を続けることに反対（望ましくない、よくない）とする人は19%であった。しかし、1970年の調査では逆転して賛成は33%、反対は45%となり、1972年には賛成は30%、反対は53%、1973年には賛成は22%に減り、反対は59%にまで増えた。（「環境庁十年史」）

　国民意識を反映するように1960年代の後半に公害苦情件数が急増し、四大公害訴訟を初めとする公害訴訟と企業立地反対運動の多発などを引き起したが（第3章参照）、公害対策を求める国民世論は、公害対策基本法の制定とその後の公害立法の拡充を促し、公害健康被害の救済や補償、及び公害紛争処理のための制度の創設を促した。

5－2　公害健康被害の補償

　1967年制定の公害対策基本法は「公害に係る被害に関する救済の円滑な実施を図るための制度を確立するため、必要な措置を講じなければならない」(第21条第2項)と規定した。これに基づき1969年に「公害に係る健康被害の救済に関する特別措置法」(以下「救済措置法」)が制定された。この法律により、著しい公害疾病が多発しているような汚染地域を指定し、指定地域に一定期間にわたって居住あるいは通学、通勤して、大気汚染関係の疾病、水質汚濁関係の水俣病、イタイイタイ病、慢性ヒ素中毒に罹っている人を認定し、医療費、医療手当、介護手当等を支給することとなった。費用の負担については、給付のための費用は産業界が半分を、残りを国と関係する地方自治体が負担することとした。産業界の負担は、この法律の目的に沿って設立された財団から拠出された。また、事務費は国と関係自治体によって負担された。救済措置法は応急措置として医療費等を支給するという考え方に基づいており、被害と加害の関係については、加害者に代わる立て替え払いの性格を持つものとされた（山本）。医療費等の支給を受けた者が、加害者から医療費に相当することが明らかな賠償、給付等を受けた場合には救済措置法による医療費等を支給しないことを規定した（救済措置法第24条）。この救済措置法は公害健康被害補償制度に引き継がれて1973年に廃止されたが、廃止された時点で認定されていた患者数は約1万4,000人であった。

　救済措置法では逸失利益の補償がないことが問題点であった。公害健康被害に対する補償制度は、1973年制定の「公害健康被害補償法」(1987年に「公害健康被害の補償等に関する法律」に改正・改称された）によって実施されることとなった。四大公害裁判の例では、公害健康被害者が企業等の汚染原因者に損害賠償を請求し、勝訴したが、原告に加わらなかった多くの被害者が損害賠償を請求するには、それぞれに手数と年月を要する民事訴訟を起こすしか方法がなかった。そうした状況を背景として、公害健康被害補償法が制定された。環境庁（当時）から諮問を受けた中央公害対策審議会は、「顕著な公害事件をはじめとする各地域の公害問題の推移をふりかえってみても、このような深刻な

公害による健康被害の救済を迅速かつ円滑に行うためには、行政上の損害賠償補償制度を確立することが喫緊の社会的要請……とくに原因者が不特定多数で、民事的解決に委ねることがきわめて困難とみられる都市や工業地域における著しい大気の汚染による健康被害救済の問題は、当面すみやかに解決を要する課題……公害事象の複雑さ故の因果関係の問題等、損害賠償補償制度の創設にあたり解明されなければならない数々の問題点について、各界の長年にわたる努力や裁判の判決を経て解決の手が得られるに至っており、このような制度を発足させるべき機は熟している」(「中央公害対策審議会答申・1973年4月5日」、「改正公健法ハンドブック」) とした。

　実際にその制度を発足させるについては多くの議論がなされねばならなかった。主要な論点は、法的な因果関係、非特異的疾患である大気汚染系疾患の認定、汚染者負担の原則と公費負担の是非、大気汚染固定発生源・移動発生源の費用負担、補償給付の内容と給付レベルなどであった。こうした問題について、中央公害対策審議会答申は、因果関係については、諸科学すべての分野において因果関係を厳密に立証されない場合でも疫学的手法による因果関係に蓋然性があれば足りるとすること (法的因果関係)、大気汚染系疾患については、指定地域で暴露要件を満たす者が指定疾病に罹っていると判断されれば、個々の患者について因果関係ありとして認定すること (制度上の取決め)、汚染原因物質の総排出量に対する個々の排出量の割合をもって大気の汚染に対する寄与度、健康被害に対する寄与度として費用負担を求めること (制度的割切り) を答申した。費用負担については、大気汚染、水質汚濁に対する汚染原因者の寄与に応じて分担を求めること、公費負担は、原因者負担の趣旨に反しない範囲で、国、地方自治体が負担する余地があること、移動発生源の負担については、大気汚染に対する寄与度が無視できないので費用負担がなされるべきこと、を答申した。

　補償給付については、医療費のほか、患者本人の労働能力が喪失した者、日常生活が困難な状態にある者に対する補償費、認定患者が死亡した場合の遺族補償費、認定患者が扶養している児童の日常生活の困難度等を勘案した児童手当、認定患者の介護に要する介護費、通院に要する交通費等の療養手当、葬祭

料等、を給付する制度を設けるよう答申した。

　民事訴訟との関係については、このような制度で費用を拠出した者が、給付した限度において被害者に対する賠償責任を免れること、また、被害者が訴訟を起こし、あるいは和解することを妨げるべきでないとした。そして、新たな制度を設ける場合、救済措置法からの移行に関する経過措置を講ずるべきとした。

　こうした答申を受けて新しい制度のための法案が国会に提出され、1973年9月に可決成立した。成立当初は「公害健康被害補償法」であったが、1987年に改正・改称されて、現在は「公害健康被害の補償等に関する法律」となっている。現在までに水俣病で認定された人は2,955人、イタイイタイ病については188人、慢性砒素中毒症については189人である（2005年2月、「平成17年版環境白書」）。

　この制度では、疾病の種類を大きく2種類に区分した。大気汚染に起因する慢性気管支炎等のような、汚染と疾病の間に特異な関係のないもの、すなわち大気汚染以外の原因によっても起こり得る疾病に係る地域（第1種地域）と、汚染と疾病との間に特異な関係のある水俣病、イタイイタイ病のような疾病に係る地域（第2種地域）とを規定した。補償給付については、審議会の答申のとおりに、療養の給付・療養費、障害補償費、遺族補償費、遺族補償一時金、児童補償手当、療養手当、葬祭料を給付することとした。公害健康被害福祉事業として認定患者の健康の回復・保持・増進等の福祉の増進のためのリハビリテーション事業、転地療養事業、家庭療養用具支給事業、家庭療養指導事業を実施するとした。費用負担については、補償給付費用は全額原因者負担、公害保健福祉事業は原因者と公費の折半負担、給付関係事務費は国、都道府県または政令市の折半負担、とした。

　公害健康被害補償法の施行において、非特異的疾患の指定地域である「相当範囲にわたる著しい大気の汚染が生じ、その影響による疾病が多発している地域」については中央公害対策審議会が1974年11月に示した答申を要件とした（「中央公害対策審議会答申（1973年4月5日）」）。同答申は「地域指定を行うにあたり『著しい大気の汚染』（例えば三度以上の大気の汚染）があり、『その

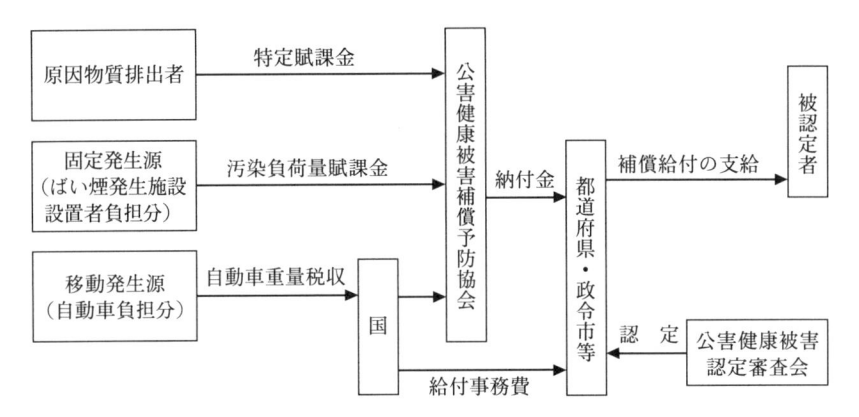

図5-1　公害健康被害補償の仕組
出典：公害健康被害補償予防協会資料により作成
注　：「公害健康被害補償予防協会」は、2004年4月から
　　　「（独）環境再生保全機構」に統合・改組されている。

影響による疾病が多発』（例えば有症率が二度以上）している場合に問題はないが、両者が併行していない場合には……地域特性を十分に考慮し慎重に判断する必要があろう」とした。この場合の「三度以上の大気の汚染」は、二酸化硫黄の汚染度三度以上（三度＝0.05ppm以上0.07ppm未満）、『その影響による疾病が多発』は、有症率を自然有症率に対する倍率で区分した二度以上（二度＝自然有症率の2〜3倍）とされた。

　廃止された救済措置法で認定を受けている人についてはそのまま公害健康被害補償法による認定を受けているものとみなすという移行措置がとられた（公害健康被害補償法附則第11条）。大気系の第1種に係る12地域が旧救済措置法から引き継がれ、また、大気系については指定地域の追加、拡大が行われ、1978年までに指定地域は41地域となった。

　水質汚濁系の水俣病、イタイイタイ病、慢性砒素中毒に係る第2種地域についてはすべて救済措置法から引き継がれ、また、慢性砒素中毒に係る1地域が追加された。補償給付についての費用負担についてはそれぞれの汚染発生源企業からの賦課金によって賄われた。

　大気系の第1種の疾病の補償給付についての費用負担については、工場等の固定発生源が8割、自動車が2割を負担すること、負担する工場等は全国の一

定規模以上のばい煙発生施設設置者であること、硫黄酸化物排出量に応じた賦課金によること、指定地域と指定地域外の工場等について対象とする施設の規模と賦課金率に差を設けることによって賄われた。

5－3　大気汚染系の健康被害補償の見直し

1973年に「公害健康被害補償法」が制定され、1978年までに全国の41の地域が大気汚染による健康被害の補償を行う地域に指定された。認定患者数は法律の施行当初に、救済措置法の指定地域12地域の約1万4,000人を引き継ぎ、1978年度末の時点で約7万3,000人になった。

この制度では、大気系の第1種地域の認定を受けた人は疾病により2年、あるいは3年ごとに更新の手続きを必要としたので、更新の手続きをしないために制度から離脱していく人と死亡によって離脱する人があったが、新規の認定者が離脱者を上回り、1979年度以降は年間2,000～3,000人程度ずつ患者数が増加し続けて、1988年12月末には10万8,000人を超えた。

一方、1979年度以降は少なくともこの制度による地域指定の一つの要件で

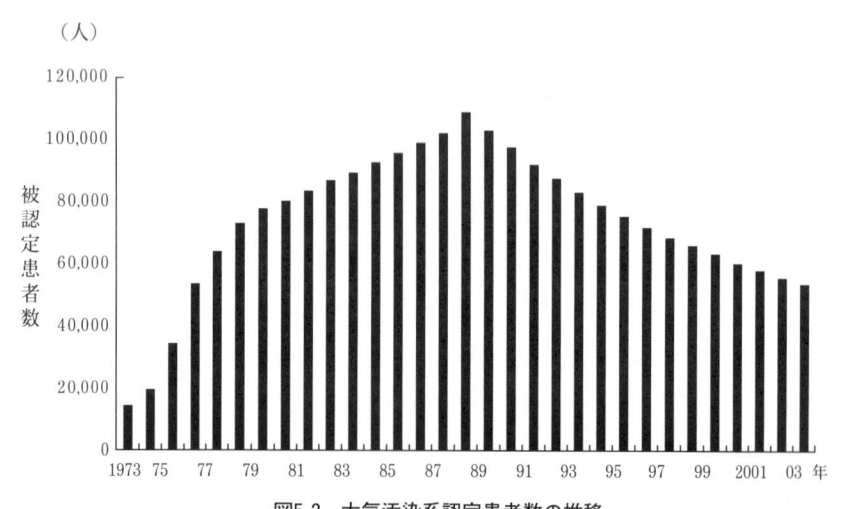

図5-2　大気汚染系認定患者数の推移
注：「改正公健法ハンドブック」および各年版環境白書により作成

あった大気汚染度三度以上（二酸化硫黄濃度で年平均 0.05ppm 以上）である状況は全国的に解消され、1980 年代の半ば頃にはその約 3 分の 1 の程度に改善されていた。その程度の二酸化硫黄汚染によって新規の認定者が発生することに疑問を持つ向きがある一方で、都市の道路沿道などを中心とする二酸化窒素汚染や全国各地の浮遊粒子状物質の汚染が改善されないことから、新規の患者が増加するのは当然であるとする考え方もあった。1985 年頃の大気汚染の状態は、二酸化硫黄については環境基準（公害健康被害補償法の指定要件である大気汚染度三度の下限のレベルの約 3 分の 1 のレベル）を超えるのは全国 1,609 測定局のうちのわずかに 6 局であった。ところが二酸化窒素に関しては全国の一般環境大気測定局 1,589 局のうち環境基準を上回る測定局が 85 局あり、特に自動車排出ガス測定局では 280 局中 65 局、23.2％が環境基準を上回った。浮遊粒子状物質については 755 測定局の内の約半数の 393 局、52.1％が環境基準に適合し、約半数の局が不適合であった。（「昭和 62 年版環境白書」、「改正公健法ハンドブック」）

　大気汚染系の補償給付金は、制度の発足当初の 1975 年度には約 200 億円であったが、患者数の増加に伴い、1980 年度頃には約 600 億円、1987 年度には約 1,000 億円を超えた。固定発生源の負担は約 800 億円に上ったので、産業界から制度に対する見方が厳しくなった。指定地域内の工場等の負担よりも、指定地域外の全国の工場等の負担が多くなり、約 2 倍に及ぶようになった。認定者数の多い東京、大阪地域の補償給付金の大部分は全国からの賦課金による事態になった。補償制度の発足後の諸条件の変化等を背景として、制度の解除・縮小を求める意見、及び拡大を求める意見があった。（「改正公健法ハンドブック」）

　環境庁（当時）の諮問に対して、1986 年 4 月に、中央公害対策審議会の専門委員会は、「現在の大気汚染が総体として慢性閉塞性肺疾患の自然史に何らかの影響を及ぼしている可能性は否定できないと考える。……昭和 30 ～ 40 年代においては、我が国の一部地域において慢性閉塞性肺疾患について、大気汚染レベルの高い地域の有症率の過剰をもって主として大気汚染による影響と考え得る状況にあった。これに対し、現在の大気汚染の慢性閉塞性肺疾患に対する

影響はこれと同様のものとは考えられなかった」(「中央公害対策審議会環境保健部会専門委員会報告：1987年4月」)と報告した。

　中央公害対策審議会はこの専門委員会の報告をベースにして次のように答申した。「……『単に何らかの影響を及ぼしている可能性は否定できない』とする程度では、民事責任を踏まえた制度として、大気汚染物質の排出原因者の負担において損害の補填を行うことは、妥当ではない。……専門委員会報告から判断すると……我が国の大気汚染は、地域の有症率を決定する様々な要因の中で主たる原因をなすものとは考えられず、人口集団に対する大気汚染の影響の程度を定量的に判断することができない。このような状況下においては、地域指定を継続し、または新たに指定して、地域の患者集団の損害をすべて大気汚染と因果関係ありとみなし、大気汚染物質の排出原因者にその填補を求めることは、民事責任を踏まえた本制度の趣旨を逸脱することとなり、よって、現行指定地域については、その指定をすべて解除し、今後、新規に患者の認定を行わないこととすることが相当と考える」(「中央公害対策審議会答申：1986年10月30日」)。

　こうした経緯を経て、1987年9月に公害健康被害補償法は改正・改称されて「公害健康被害の補償等に関する法律」となった。この改正、及びその施行令の改正により、

　　ア　大気系の第一種指定地域を解除して新規の認定は行わない、
　　イ　既存の認定患者の補償は継続する、
　　ウ　基金を設けて大気汚染による健康被害の予防事業を行う、
こととなり、現在に至っている。

5-4　大気汚染公害訴訟

　1973年から法制度によって公害健康被害補償が行われるようになった。しかし、一部の人々はこの制度による補償とは別に新たな訴訟を起こした。補償制度の創設にあたって中央公害対策審議会は「本制度は、被害者が訴訟を起こし、または和解等を行うことを妨げるものではない」との考え方をとっていた

表 5-1 主な大気汚染公害訴訟の概要

訴訟名	提訴年月	提訴時の原告数(人)	被告	経過、和解等	備考
四日市	1967.9	9	企業6社	1972.7 判決	「四大公害裁判」の1つ
千葉川鉄	1975.5	200	企業1社	1992.8 和解	
西淀川	1978.4	112	企業9社	1995年3月和解	1991年3月1次訴訟地裁判決
			国、阪神公団	1998年7月和解	1991年3月1次訴訟地裁判決 1995年3月2〜4次地裁判決
川崎	1982.3	119	企業13社	1996年12月和解	1994年1月1次訴訟地裁判決
			国、首都公団	1999年5月和解	1994年1月1次訴訟地裁判決 1998年8月2〜4次訴訟地裁判決
倉敷	1983.11	294	企業8社	1996年12月和解	1994年3月1次訴訟地裁判決
尼崎	1988.12	483	企業9社	1999年2月和解	地裁判決なし
			国、阪神公団	2000年12月和解	2000年1月地裁判決
名古屋	1989.3	145	国、企業11社	2001年8月和解	2000年11月地裁判決
東京	1996.10	102	国、都、首都高速公団、自動車メーカー7社	(2006年4月高裁係争中)	2002年10月地裁判決(第一次分) (原告、被告の控訴により高裁係争中)

注1：提訴が数次にわたるものは第1次分の提訴年月
  2：尼崎訴訟については、2000年1月地裁判決（国、阪神公団に損害賠償命令、日平均値 0.15mg／m³ 超えの SPM 差止め）の後、2000年12月に、国・阪神公団が交通量削減対策、測定値点の増設、SPM 健康調査実施、などを約束し、原告が一審で認められた損害賠償請求を放棄して和解。
  3：川崎訴訟については、1〜4次訴訟控訴審段階で和解。国と首都高速公団は道路沿道で大気環境基準を超えていることを認識して改善に取り組むこと、交通量を軽減する対策等に取り組むこと、大気状況を把握することなどを約束、原告が差止め請求と損害賠償請求を放棄。
  4：名古屋訴訟については、2000年11月地裁判決（国・沿道の SPM 汚染、企業・SO₂ 汚染に損害賠償命令、沿道汚染の日平均 0.159mg／m³ 超え SPM 差止め）の後、2001年8月、国が車線削減検討、測定局設置、道路環境改善連絡会設置、原告が損害賠償請求を放棄して和解。
  5：東京大気汚染訴訟については、第4次提訴までの原告は 505名で、うち 184名は公害健康被害補償法の非認定者。地裁判決は7名について被告の国・都・公団の損害賠償責任を認めた。1名は非認定者。自動車メーカーの責任は認めなかった。都に関係する部分は一部の原告との間で判決確定。国、原告の控訴により高裁係争中（2006年4月現在）。

(「中央公害対策審議会答申：1973年4月5日」)。したがって、例えば認定を受けた人が補償給付とは別に訴訟を起こすことが可能で、1975年に千葉市、1978年に大阪市西淀川、1982年に川崎市などで訴訟を起こした。これまでに判決を経て、あるいはまた判決を経ずに、千葉川鉄、西淀川、川崎、倉敷、尼崎の各大気汚染訴訟について、原告と被告企業との間で和解が成立している。国及び関係する高速道路公団が被告となった例では、西淀川訴訟について原告が損害賠償請求を取り下げ、被告側が沿道改善等を約束することで和解が成立した。川崎訴訟では、地裁判決によって国、公団に損害賠償命令が出された後、控訴審の段階で和解が成立した。

尼崎裁判では、地裁判決で道路から50m以内に居住する50人の健康被害に対し、国、公団が1億1,000万円を支払うべきこと、自動車排ガスによる浮遊粒子状物質が健康被害に影響を与えたこと、国・道路公団側に住民が発作性の呼吸困難などの重大な損害を受けるような状態に受忍を求めるほどの公共性がなく0.15mg／m^{3}を超える大気汚染では健康障害を起こす蓋然性が高く差し止め請求を一部容認できること、とした。大気汚染訴訟でこのような数値で差し止めを容認したことは前例がなく、新しい判断であった。名古屋訴訟では、1999年に地裁判決において国道を管理する立場の被告の国の責任について、尼崎訴訟とほぼ同主旨の判決がなされた。地裁判決の後、高裁に持ち込まれたが、2001年8月に原告、被告の間に和解が成立した。東京大気汚染訴訟では、地裁判決で国などの損害賠償を求める判決がなされ、その後原告、被告双方の控訴により高裁で係争中（2006年4月）である。自動車メーカーも被告とされていたが、地裁判決ではメーカーの責任は認められなかった。また、この訴訟では法律による認定患者以外の人が原告に加わっており、1名について地裁判決が被害を認めた。なお、被告であった東京都に関係する部分については、一部の原告との間で地裁判決が確定した。

5－5 水俣病訴訟

1980年5月に、水俣病認定申請者等110名がチッソ、国、県を被告として損

害賠償請求の訴訟を起こした。訴訟を起こした人たちはいずれも公害健康被害補償法による認定に相当する水俣病には該当しないとして認定が得られない人々であった。この訴訟は国、県を被告としている点で特徴があり、国、県に責任があるのか、原告が「水俣病」であるかが主な争点であったが、同種の訴訟が1981年7月に水俣病訴訟第三次訴訟第二陣、1982年6月に新潟水俣病第二次訴訟、同年10月に水俣病関西訴訟、1984年5月に水俣病東京訴訟、1985年11月に水俣病京都訴訟、1988年2月に水俣病福岡訴訟などが提起された。原告の総数は数千人に及んだ。水俣病の発病などの健康に不安を持つ人があり、各地で訴訟が提起されている事態を踏まえて、1992年から政府の決定によって「水俣病総合対策事業」と呼ばれる新しい事業が行われることとなった（「今後の水俣病対策について」）。これによりメチル水銀の汚染による暴露を受けたと考えられる人に対する健康管理事業、特異とは必ずしもいえないが水俣病にもみられる四肢の感覚障害のある人への療養手当を支給する等を実施してきた。現在これに基づく医療事業の対象者は8,617人である（「平成16年版環境白書」、2004年2月末）。

　1994年に、時の政権与党3党が水俣病問題の解決を模索する検討を開始し、1995年6月に一時金の支払いを基本とする政治的な解決案を作成した。この解決案は、総合対策事業の対象者、もしくは知事が判定検討会の意見を聴いて対象とした者に一時金260万円を支払うこと、この一時金を受け取った者は訴訟の取り下げ等を行うこと、国・県は水俣病問題の全面的な解決にあたり遺憾の意など何らかの責任ある態度を表明すること、などであった。これをもとに政府は関係者等と協議し、9月28日に与党3党が熊本、鹿児島県関係の水俣病問題の具体的な解決案をまとめた。この内容に従って調整が進められ、10月中に5つの患者団体が受け入れを決め、12月には発生源企業も受け入れを決めた。新潟水俣病問題について、患者団体と企業間で自主交渉が進められて12月には与党3党の解決策に沿った協定が締結された。

　しかし、和解しなかった1件の訴訟は「水俣病関西訴訟」と呼ばれ、最高裁まで争われた。2004年10月の最高裁の判決では、国に対して1958年制定の水質保全法、工場排水規制法による排水規制権限を1959年頃には発生源工場に

対して行使するべきであったとした。また、県に対して水産物の繁殖保護に有害な物を遺棄するなどする者に除害設備の設置等を命ずることができる漁業調整規則の権限を1959年頃には行使するべきであったとした。国、県が37名（8名については国、県の不作為と因果関係なし）の原告患者に賠償責任があることなどとされた。（2004年10月最高裁判所判決）

この判決後に国（環境省）は判決により確定した原告に対して医療費等を支給すること、水俣病総合対策事業を拡充すること、その他の施策の実施の検討を行うことなどとした（環境大臣談話。2004年10月15日）。

5-6　公害紛争処理

1967年制定の公害対策基本法は、「政府は、公害に係る紛争が生じた場合における和解の仲介、調停等の紛争処理制度を確立するため、必要な措置を講じなければならない」（第21条第1項）と規定し、1970年に「公害に係る紛争について、あっせん、調停、仲裁及び裁定の制度を設けること等により、その迅速かつ適正な解決を図ること」（公害紛争処理法第1条）を目的に公害紛争処理法が制定された。

同法に基づいて国に公害等調整委員会、都道府県に公害審査会等が設けられた。公害等調整委員会は「公害等調整委員会設置法」により設置され、衆・参両院の同意のもとに総理大臣によって任命される委員長・委員6名によって構成されている。同設置法により委員会の独立性、中立性が確保されている。都道府県公害審査会は各都道府県条例で置かれるが、公害審査会を置かないで公害審査委員候補者9～15人を委嘱し、名簿を用意しておくことでもよいこととされている。これらの委員等は都道府県知事が議会の同意を得て任命することとされている。

公害等調整委員会と公害審査会の管轄については法律及び施行令によって定められ、また、事件によっては複数の都道府県による連合公害審査会が置かれることが規定されている。公害等調整委員会は、公害紛争の損害賠償責任と因果関係についての裁定、及び死亡や介護を要するような健康被害に関する公

害紛争、その他の規定された紛争についてのあっせん、調停、仲裁を行うこととされている。都道府県公害審査会は、国の公害等調整委員会が処理する案件以外のあっせん、調停、仲裁を行うこととされている。連合公害審査会は県際において生じた紛争について管轄するとされている。公害等調整委員会と都道府県公害審査会等はそれぞれ独立の機関であり、上位、下位の関係はない。なお、公害等調整委員会は、「地方公共団体が行う公害に関する苦情の処理について指導等を行う」（公害紛争処理法第3条）と規定されている。

公害紛争処理法は「公害」に係る紛争のあっせん等を行うと規定しており、この場合の公害は環境基本法に定める大気汚染、水質汚濁、土壌汚染、騒音、振動、悪臭、地盤沈下である。公害紛争処理には、あっせん、調停、仲裁、裁定の手続きがある。

「あっせん」は、紛争の当事者同志の話し合い、交渉を公害等調整委員会、または都道府県公害審査会から指名された3名以内のあっせん委員が仲介し、話し合いを援助することによって事件の解決を図るものである。この場合にあっせん委員は「双方の主張の要点を確かめ、事件が公正に解決されるように努めなければならない」（公害紛争処理法第29条）とされている。

表5-2　公害等調整委員会と都道府県公害審査会の管轄等

種　別	あっせん	調　停	仲　裁	裁　定
公害等調整委員会	人の健康被害に関する紛争 大気汚染、水質汚濁による生活環境被害に係る紛争で被害総額が5億円以上の紛争 航空機の航行騒音に係る紛争 新幹線鉄道等の騒音に係る紛争 県際において生じた紛争で連合公害審査会が設置されない紛争			責任裁定 原因裁定
連合公害審査会	県際において生じた紛争で連合公害審査会が設置された紛争			
都道府県 公害審査会	上記以外の紛争			

「調停」は、公害等調整委員会、または都道府県公害審査会の委員等から指名された3名の調停委員による調停委員会が、紛争当事者の出頭を求めて意見を聴取し、また、現地調査を行い、参考人の陳述、鑑定人による鑑定などを得るなどにより、当事者の話し合いに介入、調整し、当事者の互譲に基づく紛争の解決を図るものである。調停委員会が調停案を提示する場合があり、この場合調停案を受け入れるかどうかは当事者の判断によるが、双方が受け入れれば合意が成立したこととなる。

「仲裁」は、公害等調整委員会、または都道府県公害審査会の委員等から指名された3名の仲裁委負による仲裁委員会が、当事者が同委員会に判断を委ね、判断に従うとの約束の基に行うものである。同委員会は必要な調査、当事者の審訊、参考人・鑑定人の訊問等を得て仲裁判断を行う。

「裁定」は、公害等調整委員会のみが行う手続きで、都道府県公害審査会はこれを行わない。公害被害についての損害賠償を請求するものの申請により行われる裁定（責任裁定）と加害・被害の因果関係を判断する裁定（原因裁定）がある。原因裁定については、当事者の申請により、また、被害を受けたとする者が「相手方を特定しないことについてやむを得ない理由があるときは……相手方の特定を留保して原因裁定を申請することができる」（公害紛争処理法第42条の28）とされている。責任裁定の裁定書が送達された日から30日以内に訴えの提起がなければ裁定の内容の合意が成立したものとみなされる。責任裁定の申請の事件が裁判所で係争中の場合には、裁判所が責任裁定のなされるまで裁判を中止することができるし、裁判が中止されない場合は責任裁定手続きを中止することができる（公害紛争処理法第42条の26）とされている。なお、責任裁定は後に訴えが提起された場合、裁定の内容は法律上は裁判所の判断を拘束しないこととされている。一方、原因裁定については、損害賠償等の利害に直接関係しないが、公害、環境汚染にとって最も重要な判断を行うことになるので、社会的には重要な意味を持ち、場合によっては利害関係にも影響を及ぼす可能性のあるものである。民事訴訟において裁判所が「中央委員会に対し、その意見を聞いたうえ、原因裁定をすることを嘱託することができる」（公害紛争処理法第42条の32）との規定もある。

第5章　国民意識の変化と公害健康被害補償・公害紛争処理　77

　制度の発足以降、2004年度までに公害等調整委員会に寄せられた事件は759件である。これらの中には、不知火海沿岸の水俣病の認定患者・遺族による慰謝料等の変更に関する調停申請、スパイクタイヤ使用の禁止等を求めた調停申請、香川県豊島の産業廃棄物水質汚濁被害等の調停申請、小田急線騒音被害等の責任裁定申請等の事件が含まれる。2004年度までに都道府県公害審査会等に寄せられた事件は1,059件である。都道府県別に件数の多いのは、東京都176件、大阪府157件、愛知県55件、千葉県53件などである。(「平成15年版公害紛争処理白書」)

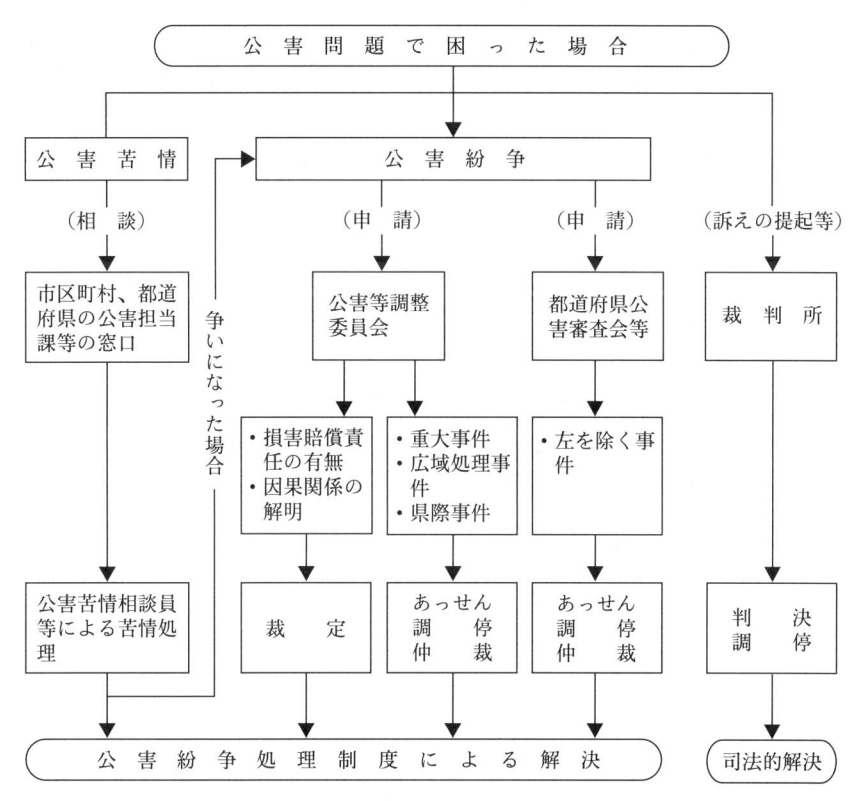

```
                        公害問題で困った場合
          ┌──────────────┼──────────────┬──────────────┐
     公害苦情              公害紛争
      (相談)          (申請)      (申請)      (訴えの提起等)
         │              │            │              │
   市区町村、都道    公害等調整   都道府県公       裁判所
   府県の公害担当    委員会       害審査会等
   課等の窓口
                    ・損害賠償責  ・重大事件    ・左を除く事
                     任の有無    ・広域処理事    件
                    ・因果関係の   件
                     解明       ・県際事件
   公害苦情相談員                あっせん    あっせん     判決
   等による苦情処     裁定       調停        調停       調停
   理                           仲裁        仲裁
         └──────────┬──────────────────┘          │
              公害紛争処理制度による解決              司法的解決
```

図5-3　公害紛争処理法による紛争処理等
出典：「平成12年版公害紛争処理白書」

5-7 公害苦情処理

昭和40年代になると公害苦情は急増し、そのことは公害紛争処理法の制定を促す大きな要因となった。同法は「地方公共団体は、関係行政機関と協力して公害に関する苦情の適切な処理に努めるものとする」(公害紛争処理法第48条第1項)と規定し、「住民の相談に応ずること、苦情の処理に必要な調査・指導・助言をすること、関係行政機関への通知その他苦情の処理のために必要な事務を行うこと」を行う公害苦情相談員を置くことができるとした(同第2項)。この規定の基づき、全国の地方自治体において、同法第49条第2項に基づき公害苦情相談員として任命・指名を受けた約2,500人、およびその他の約10,500人が公害苦情処理を担当している。(「平成16年版公害紛争処理白書」)

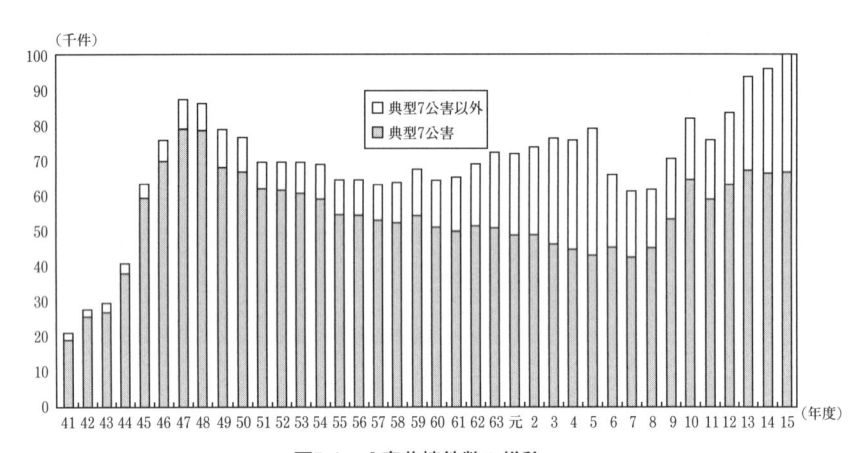

図5-4　公害苦情件数の推移
出典:「平成16年版公害紛争処理白書」
注1:「典型7公害」=大気汚染、水質汚濁、騒音、振動、悪臭、地盤沈下、土壌汚染
　2:「典型7公害以外」=廃棄物の不法投棄、動物の死骸放置、害虫の発生など

地方自治体、特に市町村や都道府県の保健所などの出先機関は地域に密着した行政機関であり、住民の公害苦情への対処などに出動しやすい立場にあり、また、公害紛争処理法の規定の有無に関わりなく、住民側としても公害に悩んだ場合の考えつきやすい対処法は身近な行政窓口に相談することである。地方

自治体等に寄せられた公害苦情は2001年度に9万4,767件である。1972〜1973年度頃に約8〜9万件／年に達した後に、少し減少して約7万件／年度前後で推移したが、最近になって増加傾向にある。

5－8　公害病等の経験から知られるもの

　戦後の経済復興と高度経済成長の過程で、基本的な環境政策がなかったことと開発指向の強い社会的な動向にあって、環境への配慮は遅れがちに推移した。典型的であったのは水俣病、イタイイタイ病などの公害病に対する対応であった。イタイイタイ病、水俣病については原因の究明に長期間を要したが、それらの訴訟において典型的に見られるように加害を認めようとしない企業・経済界のあり方に問題があり、また先見性と決断力を欠いた行政に問題があった。大気汚染による健康被害については、疫学的な研究、四日市裁判の判決等を経て発生源の責任が明らかにされた。四日市裁判の判決では土地利用上の配慮を欠いた工場の立地上の注意義務の問題が指摘されたが、それは企業だけの問題ではなく、そうした産業立地施策を進めた政府、自治体の責任でもあった。そうした多くの社会的な経験を経て公害健康被害の補償のための法制度は1973年になって確立された。

　こうした経験から重要な示唆を得ることができるが、ここでは3点を指摘する。第一には環境に高い価値を与える考え方を定着させることである。この考え方を基本とし、社会経済活動のどのような場面にあっても、起こってしまった健康被害や生活環境における被害・影響を回復し、回復された望ましい環境を維持し、さらには環境の質を高めていくあり方を採ることが不可欠である。公害病の発生、原因解明、被害者の方々への補償その他の配慮に至る経緯は、社会的な開発が環境の価値を損なわないようになされる必要性を示唆している。第二には情報や事実と対峙する姿勢である。情報、事実に対して、科学的・客観的な検討を加え、結論や判断を得ること、得られた結果を公開・開示すること、科学的な究明結果等を記録として残すこと、すべての関係者、国民が情報・事実・究明結果等を共有することである。それらを基礎としてあるべき対応策

やその社会的の合意形成に有効に生かすことである。公害病の発生の事実や病状と環境汚染の関係を明らかにし、あるいは騒音、悪臭などによる生活環境への影響の関係を明らかにするについては1950年代頃から、多くの研究者による成果がその後の被害補償や公害対策、環境の価値に対する社会的な認識の確立に貢献した。尼崎訴訟、名古屋訴訟、東京大気汚染訴訟の判例では自動車排ガスによる健康影響を認める研究結果(「自動車排出ガスによる健康への長期的影響についての基礎的研究」など)が裁判所の判断に大きな影響を与えている。第三には社会的なリーダー、特に政治・行政のリーダーシップの重要性についてである。日本の環境政策の形成過程から知られるのは、地方自治体や地方における取組が公害防止条例の制定、健康被害の救済等において先行し、また、住民の反対運動等が対策の導入に直接に影響を与えたことである。そうした傾向に比べて、1960年代頃の国会の立法措置は遅れがちであったし、水俣病など公害病やその他の環境汚染問題に対する国政レベルの政治や政府の先見性について不十分であった。

第6章
自然環境保全とアメニティ

6－1　戦後の復興期及び高度経済成長期における自然環境

　第二次世界大戦後の経済復興と高度経済成長期には自然の改変、人為的な利用への転換が進んだ。東京湾の千葉臨界地域や川崎・横浜地域、伊勢湾の名古屋・東海地域や四日市地域、瀬戸内海沿岸の水島地域（岡山県）、福山・笠岡地域（広島県、岡山県）、大分湾地域などに、干拓・埋立によって、大規模な重化学工業・港湾開発が進み、約4万haの新たな土地造成がなされた（「昭和53年版環境白書」）。

　日本は3万km以上の長い海岸線を持つが、1978～1979年の調査では、臨海部において港湾施設、工業用地、都市施設等による人工的な護岸によって占められている割合は30数％に及び、本土（本州、北海道、四国、九州）では自然の海岸の割合は50％を割り込み、人工海岸は38％を占めた。「海岸の人工化が著しい海域」（陸奥湾、東京湾、三河湾、伊勢湾、瀬戸内海、響灘、有明海、鹿児島湾）について見ると、1978～1979年調査時点で、自然海岸35％、半自然海岸15％、人工海岸48％であった。しかし、明治・大正期におけるこれらの海岸の状態は自然海岸が60％程度、人工海岸は6％程度であったと推定されている。（「昭和57年版環境白書」）

　干潟は、1955年当時に約8万5,591haが存在したが、東京湾では85.5％、伊勢湾では60.8％、大阪湾では98.8％が失われるなどにより、1978年までに約3万haが失われて、5万3,856haに減少した。瀬戸内海、東京湾ではそれぞれ約

8,000haが消失した。(「昭和55年版環境白書」、「平成18年版環境統計集」)

480湖沼（1991年度環境庁調査、原則的に1ha以上のものを対象）について調査した結果では、1945年以降の40数年間に、66湖沼、約437km^{2}について干拓・埋立が行われ、それは総面積の約15%に相当し、これらのうち98.5%は1945年〜1979年度の間に行われ、4湖沼は完全に消滅していた（「平成8年版環境白書総説」）。

関東地域では1945〜1975年の間に、主に半自然表土地（牧草地、農用地等）を侵食して、人工表土地（市街地、工業地帯、造成地等）が1,592km^{2}から3,643km^2（全体の12%）に増加し、自然表土地（森林、植林地、原野等）を侵食して半自然表土地への転換が行われた。半自然表土地は1万1,850km^{2}から1万1,603km^2（38%）に減少し、自然表土地は1万6,341km^2（53%）から1万4,643km^2（47%）に減少した（「昭和56年版環境白書」）。全国の1965〜1977年の間の土地利用は、全国で道路用地1,700km^2、住宅地3,400km^2、工業用地600km^{2}などの増加、農用地7,400km^2、原野2,700km^{2}が減少する変化があった。森林は全国では1,100km^{2}増加したが、三大都市圏では700km^{2}減少した（「昭和54年版環境白書」）。なお、最近では国土37.8万km^{2}の3分の2の約25万km^{2}が森林、農用地が約4.8万km^2、13%、住宅地、工業用地などの都市的な利用は約1.8万km^2、4.8%である（「平成17年版土地白書」）。

鳥獣については、1974年に環境庁（当時）がまとめた報告書、「特定鳥獣の保護増殖対策について」において、トキ、ライチョウなどの12種類の鳥類、ニホンカワウソ、イリオモテヤマネコなどの4種類の獣類について、人工増殖の対象とすることが適当との判断がなされ、トキ、アホウドリ、イリオモテヤマネコなど7種類の鳥獣について保護措置がとられるようになった（「環境庁十年史」）。トキはその後の保護・増殖活動にもかかわらず、2003年に日本産の最後の1羽が死亡して、日本産のトキは絶滅した。「平成16年版環境白書」によれば、日本の絶滅の危機にある野生生物種は動物669種、植物等1,994種の計2,663種である。

開発と自然環境保全をめぐって紛争が起こることがあった。栃木県日光市内の東照宮内の杉の巨木を含む伐採と道幅の拡幅をする国道整備について、東

照宮側の反対で前進しない状態であったが、1964年に栃木県が拡幅実施計画を進めるために厚生大臣（当時）の承認を得た。東照宮側の反対がさらに続いたために1967年には土地収用の手続きを行うに至った。これに対して東照宮側が土地収用裁決の取消等を求めて裁判で争われ、1969年に地裁判決により原告・東照宮側が勝訴し、1973年に東京高裁は被告側の控訴を棄却して道路の拡幅は行われなかった。（浜）（第2章「2-8」参照）

　群馬県尾瀬沼を通過する道路の計画について、1967年に沼畔ルートを避ける計画変更を行って、福島県、群馬県側からそれぞれに一部が工事に着手されていた。これに対して1971年に環境庁（当時）に工事の中止を求める陳情がなされ、環境庁が現地調査を行って工事中止の方針を固めて関係方面に対して協力要請した。その後1971年8月に工事中止の方針が閣議了承され、道路計画は中止された。北海道大雪山国立公園内の道路計画について、環境庁（当時）が1972年から審議会に諮問して審議を進めたが、原始的な自然を破壊するおそれがあること、環境影響が十分に調査されていないことなどが指摘され、事業者である北海道が計画を断念した。（「昭和49年版環境白書」）

　同じく道路建設について、山梨県と長野県を結ぶ南アルプススーパー林道は1960年代の後半に建設計画が持ち上がった。この計画は一部の国立公園特別地域を約760m含むものであった。1968年に当時国立公園を所管していた厚生省が異存ないと回答し、後に特別地域内における施行前に実施計画書を提出するようにとの留意事項を付した。1974年にその実施計画書が環境庁に提出されたが、環境庁（当時）は地域が自然保護のうえで重要であるとの考えから、自然保護審議会に諮ることとした。1978年に審議会は賛成、反対の両論を併記した答申をし、同年に環境庁は開発側の森林開発公団と協議のうえで、幅員を狭く（3.5m）する、自然環境に留意した施工をする、などにより最終的に開発に同意した。この道路は自然保護に関する議論があったが最終的に1979年に開通した。（「環境庁十年史」）

　本州四国連絡橋の児島・坂出ルート建設については、それが瀬戸内海国立公園の多島海景観を代表する地域を貫通することとなる計画であった。1977～1978年に環境影響評価の手続き、自然公園法に基づく手続きにおいて、自然環

境への影響が審議された。計画は自然景観を破壊するものであったが、社会経済的にこの地域の開発に欠かせない「架橋」であるとして、自然景観に配慮した橋梁のデザイン、塗装を施すことで計画は容認された。この架橋は1988年に完成し供用開始された。(「環境庁十年史」)

海面の埋立については、1974年に、福井新港・工業地帯建設に伴う国定公園一部解除に関係する「無効」訴訟について、地裁が原告の主張を却下した例がある。北海道伊達市の伊達火力発電所に係る北海道知事の埋立免許(1973年6月)、埋立竣工認可(1975年12月)に対して、漁民が取消を求めて争ったが敗訴となった事件(1974年地裁判決、1976年高裁判決など)があった。福岡県・大分県の住民が豊前火力発電所の差し止めを争ったが訴えを退けられた事件(1979年地裁判決、1981年高裁判決など)は「環境権訴訟」として注目を集めた訴訟であった。1980年代に愛媛県織田が浜について、今治市の港湾計画により砂浜を守ろうとの大きな市民運動が展開され、港湾計画を一部変更して北西側へ移動し、その分だけ砂浜の保全域を増加させる変更がなされた。この織田が浜の例は後に、住民側が市長を相手に提訴し、長く法廷の場で争われた(1988年地裁判決、1993年最高裁判決など)が、埋立は実施された。(「環境・公害判例7」)

6-2 第二次世界大戦後の自然保護と自然環境保全法の制定

第二次世界大戦前に制定されていた自然環境保全のための法制度として、1931年に制定された国立公園法(現在は自然公園法)により優れた風景地を国立公園として指定して保護・利用する制度が採られてきた。1949年にはこの法律を改正して国立公園に準じる「国定公園」を指定する制度を取入れ、さらに1957年には都道府県の指定による自然公園を取り入れて制度を改正し「自然公園法」となった。この他にも第二次世界大戦前からの自然保護に関係する法制として1895年に制定された狩猟法(現在の「鳥獣の保護及び狩猟の適正化に関する法律」)、1897年に制定された森林法などがあった。これらは指定された保安林、特定の鳥獣、自然景勝地を保全することにおいて自然保護に役割を果

たした。また、動植物、天然保護区域などを含む天然記念物を保護するような考え方は明治時代には導入されていた。大正時代の1919年に史跡名勝天然記念物保存法によって法律による保護措置がとられるようになった。同法は戦後、1950年に現在の文化財保護法に引き継がれた。また、1951年に改正された森林法、1966年制定の「首都圏近郊緑地保全法」、「古都における歴史的風土の保存に関する特別措置法」などが自然保護に関連する法律として制定されていた。しかし、これらはそれぞれの自然の側面において、個別に自然を保護する制度であり、日本の自然環境を全般にわたって総合的に保全する理念、施策の枠組みを明確にする法制は整っていなかった。

地方自治体では1970年頃からゴルフ場開発や宅地の造成などの大規模な開発を抑制する要綱等による行政指導を通じて自然保全に取り組む動きが見られるようになった。また、都道府県では自然保護条例を制定する動きが広がり、1970年に北海道、1971年に香川県、長野県において自然保護条例が制定され、1972年末までに41都道府県において条例が制定された。これらの条例のタイプとしては、自然保護についての県の施策等を定めた基本条例的なタイプ、沿道の美化・修景等のタイプ、自然保護の基本事項とともに保護地域の指定と指定地域内の行為の許可あるいは届出制を定めるタイプなどがあった。(「昭和48年版環境白書」)

地方自治体における施策とも整合性を確保しつつ、日本の自然環境保全を全般にわたり総合的に進めていくための基本法的な性格を持つ自然環境保全法が1972年に制定された。また同時に絶滅のおそれのある鳥類の保存のために「特殊鳥類の譲渡等の規制に関する法律」(1992年に「絶滅のおそれのある野生動植物の種の保存に関する法律」制定時に廃止)が制定された。自然環境保全法はその制定について「自然環境の適正な保全を総合的に推進する……ことを目的……」として、自然環境保全の基本理念について「……広く国民が(自然環境の)恵沢を享受するとともに、将来の国民に自然環境を継承することができるよう適正に行わなければならない」とした。将来への自然環境の継承を理念に掲げたことについて先見性を見ることができる。同法では国が自然環境の保全を図るための基本方針を定めることを規定し、後に1973年に「自然環境保

全基本方針」を策定・公表した。また、同法によって、おおむね5年ごとに自然環境保全のための基礎調査を実施することが規定され、これによりその後に「自然環境保全基礎調査」が実施され、日本の自然環境に関する膨大なデータベースが構築されることとなった。さらに自然公園法の国立公園などとは別に自然環境保全地域を指定し、自然保護を行う地域を指定する制度が導入され、白神山地（青森県・秋田県）などが指定されて保護措置がとられるようになった。この法律に先行して都道府県で条例が制定されていたが、法律の中で都道府県自然環境保全地域の指定等を条例によって規定することができることとされて、法、条例の関係が確保された。なお、自然環境保全法の基本理念については、1993年制定の環境基本法に吸収されたため、現在の自然環境保全法は、自然環境保全地域の指定・保護、自然環境保全基礎調査の実施などに役割を果たしており、自然保護における個別法的な性格を持つ法律となっている。

6-3 自然環境保全基本方針及び自然保護憲章

　自然環境保全法は、政府が自然環境保全基本方針を策定することを規定し、1973年に基本方針が策定・閣議決定された。基本方針では、自然は人間生活にとって生命をはぐくむ母体、限りなく恩恵を与えるもの、すなわち経済活動の資源の役割、自然それ自体が豊かな人間生活の不可欠な要素である、「殊に日本が、人間と自然と人間の造型作品とが有機的な統一体をなすというユニークな文化的伝統をもってきた」との基本認識を示した。そのうえで、社会経済制度においては経済効率が優先されて非貨幣的価値である自然は見落とされがちであり、容赦ない自然環境破壊が進んでいるとの現状認識を明記した。そうした状況を転換して、自然の価値を高く評価し、保護保全の精神を習性とすることが対策のための原点となるべき立場であって、「自然を構成する諸要素間のバランスに注目する生態学をふまえた幅広い思考方法を尊重し、人間活動も、日光、大気、水、土、生物などによって構成される微妙な系を乱さないことを基本条件としてこれを営むという考えのもとに」、自然環境保全の問題に対処する必要があるとした。また、破壊から免れた自然を保護するだけでなく、進ん

で自然環境を共有的資源として復元し、整備していく方策が必要である、とした。そのうえで、自然を体系的に保全するために自然環境保全法を初めとする各種制度を活用し、自然環境保全地域の指定・保全策をとるなどの基本方針を示した。(「自然環境保全基本方針」)

ほぼ同じ時期に「自然保護憲章制定国民会議」が「自然保護憲章」を制定した。この憲章については「国民会議の形で合意された例はきわめて珍しく、貴重である」(沼田)とされる。1966年に大山(鳥取県)山麓で開かれた国立公園大会において自然保護憲章の制定促進が決議され、1968年の自然公園審議会の答申において「自然保護憲章」といったものを制定する考え方が示された。1972年4月に141の自然保護団体と学識経験者による「自然保護憲章制定促進協議会」が試案を発表し、政府に自然保護憲章の制定を要望した。こうした動きに対して、1972年末頃から環境庁(当時)関係者等の側面からの支援がなされるようになり、関係団体の代表者、学識経験者による自然保護憲章懇談会等がもたれ、国民の総意に基づき、草案は民間の各界各層の代表者による新たな組織で作成すること、国民会議を開催して制定すること、1974年の環境週間中に制定を目指すことなどを決定した。1974年に自然保護憲章制定国民会議準備委員会が組織され、十数回の議論を経て憲章草案が策定され、6月に全国各地から428名の協議員による自然保護憲章制定国民会議が開かれて草案を採択した。(沼田、「環境庁十年史」)

自然保護憲章は、「自然の厳粛さに目ざめ、自然を征服するとか、自然は人間に従属するなどという思いあがりを捨て、自然をとうとび、自然の調和をそこなうことなく、節度ある利用につとめ、自然環境の保全に国民の総力を結集すべきである」との考え方を示し、「自然をとうとび、自然を愛し、自然に親しもう。自然に学び、自然の調和をそこなわないようにしよう。美しい自然、大切な自然を永く子孫に伝えよう」とした。合わせて9項目の提言・認識を示したが、環境教育の必要性、地球的視野からの自然環境保全と国際協力の必要性にも言及した。こうした憲章が民間主導において制定されたこと、自然環境が子孫に継承されるべきものと指摘したこと、地球環境保全の視点を持ったことなどが特筆される。

6-4 アメニティをめぐる議論と景観の保全

　日本は1964年に経済開発協力機構（OECD）の加盟国となった。OECDによる加盟国の環境政策評価が行われるようになり、1973年に初回のスウェーデンについて評価がなされた後、日本は第2例目として評価を受け、1977年にその報告がなされた。日本は公害対策基本法の制定の後、1970年代の中頃までに、公害規制を充実させて、環境基準の設定項目を拡大し、公害健康被害補償制度を確立し、自然環境保全の基本的な法制・理念を確立していた。実際に二酸化硫黄による大気汚染を改善しつつある段階であったし、水質汚濁について有害な物質による環境基準適合率を高めていた。OECDの評価は、「日本は、数多くの公害との戦闘を勝ちとったが、環境の質を高めるための戦争ではまだ勝利をおさめていない」こと、環境の質は「快適さ」とも呼ばれる静かさ、美しさなどに関係する測定することのできない環境要素であると指摘した（OECD「日本の経験・環境政策は成功したか」）。このことは日本に快適環境の議論を巻き起こすこととなった。「我々日本人が、『明治百年』と総称される超高速の近代化の中で行ってきた世界史でも未曾有の試みは、国家社会の工業化、という点では成功をおさめはしたが……追いつき追い越しつつある他の先進国に比べて、より多くの本質的な喪失をもたらした」（石原）という認識を示した例がある。

　環境の快適さを具現するものとして最も典型的な環境保全上の施策として景観の保全がある。OECDレポート以前に、1968年に倉敷市、金沢市により、1972年に京都市により、古い町並みを保護する制度が取り入れられた（浅野ほか）。その後1975年には「伝統的建造物保存地区」（文化財保護法、都市計画法）制度が取り入れられた。1970年代の後半頃から、単に古い町並みや建造物を保存するだけでなく、市街地の景観、人工構造物と自然景観との調和などを含む景観を保全することを目的に、全国的に条例の制定が行われるようになった。2003年頃までに都道府県による30条例、450市町村による494条例が制定された。こうした地方自治体の取組は、やがて2004年に「我が国始めての景観についての総合的な法律……良好な景観の形成を国政の重要課題として位置付け……地方公共団体の取組を踏まえ、条例では限界のあった強制力を伴う

法的規制の枠組を用意」するとする景観法の制定を促した（「概説景観法」）。1980 年頃から行政のあり方において環境の快適性に関係の深い取組として、「文化行政」、「まちづくり」、「人間都市」なども人口に膾炙された（「人間都市への復権」、「広がる文化行政」、「全国まちづくり集覧」）。

　そうした認識や施策等にもかかわらず、1994 年の OECD による日本の環境政策レビューは、日本の都市景観に対して厳しく、「不調和な建築物、頭上を通る電線、雑然とした見苦しい屋外広告やおびただしい数の自動販売機といったものによって景観が害されている。土地不足とその結果としての諸活動の集中によって、川の上を高速道路が走ったり、高架鉄道の下にオフィスや商店が建ち並んだりする、一種の三次元的な都市構造が生まれた。そうした構造については、都市景観を台なしにしないためには設計上注意が必要である」（OECD「日本の環境政策」）と評価を下している。景観の保全がなされている古い町並み、比較的大きな都市の中心部や駅の周辺部などの表通りなどについて、景観への配慮を見ることができるようになったが、その他の都市の景観、地方の中小の市町、道路の沿道等については、OECD の指摘を待つまでもなく、質に問題を見いだすことができる。

6 − 5　自然環境の現状等

　現在の日本の国土 3,779 万 ha の土地利用は、森林 2,509 万 ha、農用地 482 万 ha で両者が約 8 割以上を占め、宅地 182 万 ha（4.8%。住宅地・工業用地・その他宅地）、水面・河川・水路 134 万 ha（3.5%）、道路 131 万 ha（3.5%）、原野 26 万 ha（0.7%）である（「平成 17 年版土地白書」）。森林面積の割合は 67%で、OECD 諸国の中ではフィンランド、スウェーデンに次いで高く、韓国の 65%とほぼ同程度である。カナダの 45%、アメリカ、ドイツ、フランス、スイスなどが 30%程度、イギリスが約 10%であることと比べると日本が高い森林割合を維持していることが知られる。しかし、植林地の割合が多く、林地全体の約 37%を占め、二次林（自然林に近いもの以外）が約 28%、自然林と二次林（自然林に近いもの）を合わせた割合が約 35%である（「平成 16 年版環

境白書」)。

　自然環境保全基礎調査結果による植生自然度について、1973年調査時（第1回調査）と1994～1998年調査時（第5回調査）とを比べると、自然林、二次林、農耕地など合わせて8.2%が減少し、植林地(4.0%)、市街地・造成地(1.2%)などが増加した（「平成16年版環境白書」)。

　現在（2002年)、国立公園28か所、国定公園55か所、都道府県立公園308か所が指定されている。総計で約537万ha、国土面積に対して14.20%である。自然環境保全地域は、2003年度末現在で549地域、約10万haが指定され、このうち原生自然環境保全地域は5か所、5,631haである。（「平成17年版環境統計集」)

　日本の干潟は1998年調査では4万9,573haである。このうち有明海に2万391ha、周防灘西に6,532ha、八代海に4,083haがあり、他に東京湾、伊勢湾、三河湾、沖縄島など、全国に広く存在する。1978年から1994年までに3,857haの干潟が、主として埋立、浚渫により消滅した。（「平成12年版環境白書総説」、「平成18年版環境統計集」)

　湖沼について、1ha以上の天然のもの480についての調査結果によれば、現在人工湖岸は約30%を占めている。1983年度調査時点から1991年度調査の間に、人工湖岸は55.6km増加（全人工湖岸965.2km）し、自然湖岸が59.9km減少（全自然湖岸1,803km）している。また、湖沼では外来の魚が持ち込まれて繁殖し、在来の魚の生態に影響を及ぼしている。環境庁（当時）が60の湖沼で実施した調査結果によれば、約3分の1の湖沼でソウギョ、ブルーキル、ブラックバス等の外国産の移入魚種が確認されている。（「平成15年版環境白書」)

　河川について、1985年の第3回調査時における101の原生流域（面積1,000ha以上にわたり人工構築物及び森林伐採等の人為の影響の見られない集水域）が、その後に13流域について伐採、道路建設等により面積が減少し（7,296ha減)、そのうち3流域は原生流域の要件を満たさなくなり、一方、新たに1流域が加わり（仲間川・沖縄県、1,346.9ha)、原生流域は99流域、総面積20万5,634haとなった。1979年、1985年に調査された1級河川の幹川等113河川、1万

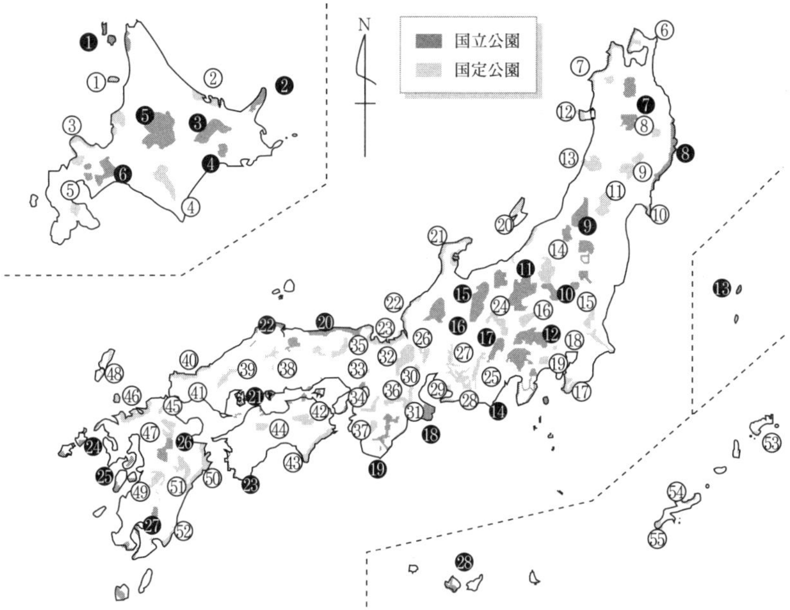

国立公園		国定公園		
❶ 利尻礼文サロベツ	⓴ 山陰海岸	① 暑寒別天売焼尻	⑳ 佐渡弥彦米山	㊴ 西中国山地
❷ 知床	㉑ 瀬戸内海	② 網走	㉑ 能登半島	㊵ 北長門海岸
❸ 阿寒	㉒ 大山隠岐	③ ニセコ積丹小樽海岸	㉒ 越前加賀海岸	㊶ 秋吉台
❹ 釧路湿原	㉓ 足摺宇和海	④ 日高山脈襟裳	㉓ 若狭湾	㊷ 剣山
❺ 大雪山	㉔ 西海	⑤ 大沼	㉔ 八ヶ岳中信高原	㊸ 室戸阿南海岸
❻ 支笏洞爺	㉕ 雲仙天草	⑥ 下北半島	㉕ 天竜奥三河	㊹ 石槌
❼ 十和田八幡平	㉖ 阿蘇くじゅう	⑦ 津軽	㉖ 揖斐関ヶ原養老	㊺ 北九州
❽ 陸中海岸	㉗ 霧島屋久	⑧ 早池峰	㉗ 飛騨木曽川	㊻ 玄海
❾ 磐梯朝日	㉘ 西表	⑨ 栗駒	㉘ 愛知高原	㊼ 邪馬日田英彦山
❿ 日光		⑩ 南三陸金華山	㉙ 三河湾	㊽ 壱岐対馬
⓫ 上信越高原		⑪ 蔵王	㉚ 鈴鹿	㊾ 九州中央山地
⓬ 秩父多摩甲斐		⑫ 男鹿	㉛ 室生赤目青山	㊿ 日豊海岸
⓭ 小笠原		⑬ 鳥海	㉜ 琵琶湖	(51) 祖母傾
⓮ 富士箱根伊豆		⑭ 越後三山只見	㉝ 明治の森箕面	(52) 日南海岸
⓯ 中部山岳		⑮ 水郷筑波	㉞ 金剛生駒紀泉	(53) 奄美群島
⓰ 白山		⑯ 妙義荒船佐久高原	㉟ 氷ノ山後山那岐山	(54) 沖縄海岸
⓱ 南アルプス		⑰ 南房総	㊱ 大和青垣	(55) 沖縄戦跡
⓲ 伊勢志摩		⑱ 明治の森高尾	㊲ 高野龍神	
⓳ 吉野熊野		⑲ 丹沢大山	㊳ 比婆道後帝釈	

資料：環境省

図6-1　日本の国立公園・国定公園

1,412.0kmのうち、コンクリート護岸や石積護岸などの人工化された水際線が2,441.5km（21.4%）、崖になっている自然の水際線が3,226.7km、その他の自然の水際線が5,743.8kmで、1979年から1988年の間に人工護岸が249.3km、2.2%増加していた。ダムや堰などの工作物は河川の魚類の生育環境にとっては障害となる可能性があり、特に川を遡るサケ、アユ等にとっては魚道などが設けられなければ遡上が不可能となるが、調査された113河川の中で上流端まで遡上が可能な河川は13であった。1級河川の支川、2級河川の幹川等の中で良好な自然域を通過する153の河川等の6,249.0kmを調査した結果では、人工化された水際線が1,663.4km（26.6%）、崖になっている自然の水際線が1,656.1km、その他の自然の水際線が2,929.5kmであった。なお、調査された河川のうち、別寒辺牛川（北海道）、岩股川（秋田県）、長棟川（富山県）、仲良川（沖縄県西表島）は自然水際線100%であった。（「平成12年版環境白書総説」）

日本の絶滅のおそれのある野生生物について、哺乳類約200種のうちの48種、鳥類約700種のうちの90種、は虫類の97種のうちの18種など、669種、植物等1,994種の計2,663種が挙げられている。日本産のトキは2003年に佐渡島で飼育されていた最後の1羽が死亡し、日本産のトキは絶滅した。一時はタンチョウは33羽に、アホウドリは一時は絶滅したのではないかと考えられるほどに減少したが、これらはその後の保護対策により、それぞれ約700羽、1,000羽に、回復している。ツシマヤマネコは約70〜90頭程度の生息数である。（「平成16年版環境白書」）

6-6　ワシントン条約への対応と国内法整備

1973年にワシントン条約が採択され、1980年に日本について発効した。この条約の受諾書の寄託に際し、国内の産業保護への配慮から、アカウミガメ、タイマイ、ヒメウミガメ、インドオオトカゲなどの9種について「留保」を付し（「環境庁十年史」）、これらについては条約の非締約国として取引をすることができることとした。また発効後、条約に対する国内法を制定しないで輸出入

貿易管理令などによって対応していた。「実際の水際での対応についても、本来輸出許可証が必要なものについて原産地証明書のみで通関させる状況……ワシントン条約への対応……不熱心……」(「環境庁二十年史」)などのために、1984年にはマレーシアで開催されたワシントン条約アジアセミナーで日本に対する非難決議が採択されるに至った。

　留保は続けられ、付属書Ⅰに係る留保品目については、当初の9品目から最大14品目にまで増やした後、1989年の時点で、は虫類4種、クジラ類6種の10種を留保していた。国内産業保護などを理由に留保を続ける日本に対して各国の非難が続いた。1990年にオーストラリアで開催された世界自然保護連合総会においても、日本の留保の継続に対する非難決議案が提出され、最終的には非難よりも軽い勧告程度にとどまったといった経緯もあった。その後、1994年に「タイマイ」を最後に国内産業保護の観点からの留保を撤回した。しかし、付属書Ⅰのクジラ7種については「持続的利用が可能なだけの資源量があるという客観的判断」(2005年2月現在、外務省HP)から留保がなされている。

　1987年にワシントン条約に対応する国内法として「絶滅のおそれのある野生動植物の譲渡等の規制に関する法律」(旧・野生動植物法)が制定された。その後、1992年には、ワシントン条約は日本が鳥獣保護法で狩猟を禁止している鳥獣以外の野生生物種を含んで国際取引を規制しており、日本における鳥獣以外の生物種を含む野生生物種全般にわたる保護に関心が高まり、「絶滅のおそれのある野生動植物の種の保存に関する法律」(「種の保存法」)が制定され、旧・野生動植物法は廃止された。種の保存法は「稀少野生動植物種」として、日本で生息・生育している絶滅のおそれのある「国内稀少野生動植物種」を62種、及び国際的に協力して種の保存を図ろうとする絶滅のおそれのある「国際稀少野生動植物種」を約650分類群をそれぞれ政令で指定している。これらについて生きている個体の捕獲等の禁止、輸出入の禁止・制限等の措置がとられている。

6－7　1990年代以降の日本の自然保護の動向

　1992年の国連環境開発会議の開催時に、「生物多様性条約」が用意され、会議の期間中に157か国が署名し、1993年には発効した。日本については1993年の同条約の発効とともに発効している。同条約は締約国に対して生物多様性国家戦略の策定を義務づけているが、これに対応する日本の国家戦略については、最初のものは1996年に策定され、2002年に「新生物多様性国家戦略」に改訂されている。この新国家戦略において、自然の再生・修復の必要性について、「(我が国の多様で豊かな生態系が)……自然海岸や干潟の減少が進み、かつては身近な存在であったメダカやキキョウまでが絶滅危惧種となるなど、我が国の生態系は衰弱しつつあります。こうしたことから、残された生態系の保全の強化に努めることはもちろんですが、それに加えて、衰弱しつつある生態系を健全なものに蘇らせていくため、失われた自然を積極的に再生・修復することも必要です」と指摘している。

　生物多様性条約の具体的な対応として、2000年に、バイオテクノロジーによってもたらされる生きた状態の改変生物(いわゆる遺伝子組換え生物)の国境移動に関する「カルタヘナ議定書(生物多様性条約バイオセイフティに関するカルタヘナ議定書)」が採択され、2003年に発効した。議定書は遺伝子組換え生物の輸出、輸入について国際的な規制を行うこと、議定書締約国が法的、行政的な措置を講じることなどを明記している。これに対応する国内法として、日本は2003年に「遺伝子組換え生物等の規制による生物の多様性の確保に関する法律」を制定した。これにより、遺伝子組換え生物等を作成・輸入しようとする者に、必要な承認を得ること、承認を得るにあたって「生物多様性影響評価書」の提出を要することなどの規制が行われることとなった。

　2002年に「自然再生推進法」が制定された。同法は基本理念として、自然再生を、自然が将来の世代にわたって維持されるよう、生物多様性の確保を通じて自然と共生する社会を実現するよう、様々な主体が連携して透明性を確保して、自主的・積極的に行うべきこと、自然再生は、自然環境の特性、自然の復元力、生態系の均衡、科学的知見に基づいて行われるべきこと、などを規定し

た。また、自然再生を定義して「過去に損なわれた生態系その他の自然環境を取り戻すことを目的として……地域の多様な主体が参加して、河川、湿原、干潟、藻場、里山、里地、森林その他の自然環境を保全し、再生し、若しくは創出し、又はその状態を維持管理すること」（法第2条）としている。この法律の自然再生は、地域の自然再生協議会が計画して進めること、短期的な目標が設定されるのではなく、むしろ長期的に地域の主体的な取組から進められることなどに特徴がある。また、生物多様性を確保すること、自然と共生する社会を実現するとの制定目的も注目される。特に自然との共生という考え方について、環境基本計画、新生物多様性国家戦略のような政府レベルの決定で見られたが、自然再生法では立法目的において規定された。そのうえで、立法措置による社会的な合意のもとに、緩やかだが確かな自然再生を進めることによって、我々が自然と共生するという考えを実際の行動によって実現しようとしているものと見ることができる。

外来生物種が日本の生態系に対して被害を与えるなどの影響を与えるおそれが生じるようになってきたため、2005年に「特定外来生物による生態系等に係る被害の防止に関する法律」（外来生物法）が制定された。これにより、外来生物種で生態系、人の生命・身体、農林水産業に被害を与えるおそれのある「特定外来生物」について、外来生物被害予防3原則「入れない、捨てない、拡げない」を基本的な考え方とする制度が設けられた。現在、37種（2005年6月時点。タイワンザル、アライグマ、タイワンリスなど哺乳類11種、カメツキガメ、タイワンハブなど6種のは虫類、オオクチバス、ブルーギルなど4種の魚類、キョクトウサソリなど）が指定され、これらについては許可を受けた場合以外は、輸入、飼養、栽培、保管、運搬が禁止されることとなった。また、特定外来生物と指定しないが、「未判定外来生物」として指定するものについて、輸入にあたって届出を義務づけた。（「平成17年版環境白書」）

日本の自然保護について、早い段階で行われたのは、明治時代にさかのぼる森林の保全、鳥獣の保護、国立公園法（後の自然公園法）による自然の風景地の保全とその利用の増進、天然記念物の保護などによるものであった。これらの自然保護はいずれも我々人間にとって重要な自然を保護するとの考え方で

あった。1972年に制定された自然環境保全法は、優れた風景地、鳥獣だけでなく、包括的に自然・生態系を保護するとの理念を明確にして、自然保護の考え方を大いに前進させたが、ここでもどちらかといえば人にとって重要な意味を持つ自然を保護するとの考え方であった。1994年12月に最初の環境基本計画が策定され、この計画において「共生」が長期目標とされ、同計画の2000年改定において、自然環境との関係について自然を尊重して自然との共生を図ること、自然の大きな循環に沿うように我々の活動を再編し直すとの考え方が採られた。また、自然再生推進法の制定目的では「共生」が明示され、さらに一歩進んで「再生」するとの考え方が取り入れられた。環境政策における自然保護は、人のためだけでなく、自然そのものに存在の意味や価値を見いだし、我々が共生を目指すとともに、必要な再生を行うとの考え方がより確かなものとなってきている。

第7章
廃棄物処理と資源リサイクル

7－1　廃棄物の排出量の増加及び処理

　第二次世界大戦の直後には、し尿が農村で肥料として使われたが、東京都の例によれば1950年頃には肥料に還元されないものが増加し始めた。また、ごみの排出量も東京都の人口の増加とともに増加した。ごみ処理については焼却場の建設が進まず、大部分が内陸・海面の埋立によった。東京都のデータによれば、1951年から1962年の間の埋立処分の割合は80％前後で、海面埋立の割合が1960年頃から急増し、1962年には約77％に達した。し尿の処理については海洋投入、下水道投入が行われるようになった。1950年から海洋投入が行われたが、東京湾沿岸の環境問題や東京湾内に異臭を引き起こした。(「東京都清掃事業百年史」)

　こうした状況を背景に、1954年に新たに「清掃法」が制定された。この法律では、公衆衛生に配慮して、ごみ、し尿などの汚物について特別清掃区域を指定して市町村が処理責任を持つとする仕組を定めた。しかし、1960年代の高度経済成長期には、一般廃棄物であるごみの排出量の増加やごみ質の変化が起こった。1960年代の後半から70年代にかけて都市ごみの発熱量は紙ごみやプラスチック類の影響を受けて増加した。また、産業活動から排出される廃棄物の処理が新たな社会的に対処しなければならない課題となった。

　日本で排出される一般廃棄物は1965年度には約1,600万t／年であったが、1970年度には2,800万t／年、1975年度には約4,200万t／年となり、この間

に急激に排出量が増加した。その後増加は緩やかになったが排出量は徐々に増加して1990年度に5,000万t／年を超えた。1990～2000年度の間の排出量は横ばいもしくは微増で、2000年度排出量は約5,200万t／年程度、国民1人1日当たり約1,100gである。産業廃棄物は、1975年度には約2億3,600万t／年であったが、1980年度には2億9,200万t／年、1985年度には3億1,200万t／年、1990年度には3億9,500万tとなり、その後は4億t前後で推移している。1975年度以前の産業廃棄物について、「東京都清掃事業百年史」は1969年度の都内の産業廃棄物排出量の推計値を記述しているが、それによれば排出総量は3,477万t、建設業によるもの3,001万t、製造業によるもの411万t、運輸業によるもの61万t、卸・小売業によるもの4万tであった。1969年度の全国のごみ排出量は2,559万tであったので、東京都の産業廃棄物だけで既に全国のごみ排出量を超える量になっていた（「平成17年版環境統計集」、「東京都清掃事業百年史」）。

し尿の処理については、下水道処理、し尿浄化槽による処理、及び汲取りにより行われてきている。下水道処理人口は1950年度時点では200万人、人口比3％であった。1970年度に約1,600万人、16％、1980年度に約3,500万人、29％、1990年度に4,780万人、39％となり、2002年度に7,600万人、60％である。し尿浄化槽が普及するようになったのは1960年代の後半頃からである。浄化槽処理人口は1965年度に630万人、人口比6％、1970年度に1,040万人、10％、1980年度に2,690万人、23％、1990年度に3,360万人、27％、2002年度に約4,655万人、約33.5％である（「日本下水道百年史」、各年版環境白書、各年版循環型社会白書による）。

表7-1 ごみと産業廃棄物の排出量の推移

年度	1965	1970	1975	1980	1985	1990	1995	2000
ごみ排出量	16,251	28,104	42,165	43,935	43,449	50,443	50,694	52,362
産業廃棄物排出量	—	—	236,489	292,312	312,271	394,736	393,812	406,037

出典：平成17年版環境統計集
単位：千t／年

ごみの処理については、1965年度の時点では焼却処理量は38%であったが、1970年度に55%、1980年度に60%、1990年度に74%となり、2003年度には81%になっている。こうした焼却処理に必要な施設として、主として市町村によりごみ焼却炉が設置されてきたが、施設数は1960年度時点で約750施設、1970年度に約1,300施設、1980年度に約2,000施設に達した。その後はむしろ施設数は減少し、特に1990年代以降はダイオキシン対策のために廃炉や、高性能で大規模な施設への統合などが行われ2001年度時点では1,680施設である。（各年版環境統計集、各年版環境白書による。）

ごみのリサイクル率については1990年度には5.3%程度であったが、その後1995年度に9.9%、2002年度には15.9%に増加した。産業廃棄物の処理については、1980年度時点では再生利用が42%、減量化が34%、最終処分が23%、1990年度に38%、39%、23%であったが、最近の2000年度では再生利用が45%に、減量化が44%に増加して、最終処分が11%にまで減っている（「平成17年版環境統計集」）。

ごみの最終処分量については、1979年度には2,000万tを超えたが、その後は減少して1990年度には1,680万t、2000年度には1,050万tに、産業廃棄物の最終処分量については、1980年度に6,800万t、1985年頃から1990年度にかけて約9,000万tまで増加したが、その後は減量が進み2000年度には4,500万tである。両者を合計した最終処分量は、1980年度には8,800万t、1985年から1990年頃の間は1億t程度であったが、最近の2000年度では約5,500万tである。（「平成17年版環境統計集」）

7－2　廃棄物処理法と制定後の改正・規制強化等

高度経済成長期に、経済規模の拡大と消費構造の変化等を背景として、ごみ、事業活動に伴う廃棄物は急増し、廃棄物の質の変化が起こった。市町村が特別清掃地域を指定してその範囲について廃棄物処理の責任を持つとする1954年制定の「清掃法」によって対処することが困難となった。このために1970年に「清掃法」を全面的に改正して「廃棄物の処理及び清掃に関する法律」（以下、

「廃棄物処理法」)が制定された。この新しい法律では、ごみ、し尿等の「一般廃棄物」と、燃えがら、汚泥その他の事業活動によって排出する「産業廃棄物」を区分した。ごみ、し尿の処理に関する市町村責任について、清掃法では指定された地域について責任を持つとされていたが、廃棄物処理法では全区域について責任を持つこととされた。産業廃棄物の処理については排出事業者が責任を持つこととされ、これは汚染者負担の原則に沿ったものであった。

1970年の制定当初の廃棄物処理法の制定目的については、適正に処理し、生活環境を清潔にすることによって生活環境を保全し公衆衛生の向上を図ることとされた。制定当初の段階で一般廃棄物、産業廃棄物について投棄禁止と違反に対する罰則規定がなされた。しかし、廃棄物を減量化し、リサイクルするという考え方は規定されなかった。また、廃棄物の収集、運搬、処分について基準を定め、遵守を求めるという考え方をとり、水銀、カドミウムなどについて有害物質として特別な処理方法を規定したものの、今日から見ると不完全な内容であった。

1970年の廃棄物処理法制定の後、この法律により廃棄物行政が行われてきたが、廃棄物をめぐる社会的な問題、状況の変化等が次々に生じ、重要な法律の改正や関係する政令・省令等の改正がなされて今日に至っている。

1971年の法施行当初から水銀、カドミウム等の有害物質を含む汚泥等の最終処分については、コンクリート固化などの後に処分するように規制していた。また、1973年の施行令改正によって有害物質としての判定の基準が設けられた。しかし、最終処分場の規制は不十分であった。このため1976年に最終処分地について規制強化を行い、1977年の政令の改正で最終処分地について、産業廃棄物の「安定型」、「管理型」および「遮断型」の3種の性能の処分地、処分できる廃棄物、及び処分場の基準を、また、一般廃棄物の最終処分地は「管理型」とほぼ同じ性能の基準を明確にした。

1970年代の後半から80年代にかけて、産業廃棄物をめぐる不法投棄、最終処分場の不備、最終処分場の立地難と不足などが大きな社会問題となった。1980年代になると国内的にも、国際的にも、地球環境問題への関心が高まるようになってごみや産業廃棄物を資源として見る見方が広がり、リサイクルを考える

表 7-2　廃棄物処理法の改正等の経緯

1954年4月	清掃法制定。廃棄物を特別清掃地域について市町村が処理。
1970年12月	廃棄物処理法制定。廃棄物を一般廃棄物、産業廃棄物に区分。一般廃棄物は市町村に処理責任。産業廃棄物は事業者に処理責任。清掃法廃止。
1976年6月	法律の一部改正、最終処分場を廃棄物処理施設とする。
1977年3月	産業廃棄物処分場（安定型、管理型、遮断型処分場）、および一般廃棄物処分場の技術基準の明確化。
1991年3月	法律の一部改正。法律の目的として廃棄物の減量、分別、再生に言及。「特別管理廃棄物」の概念を導入し、特別管理産業廃棄物に該当する廃棄物に管理票（マニュフェスト）制度を導入。罰則強化、最も重い罰則は3年以下の懲役、300万円以下の罰金。
1997年6月	法律の一部改正。廃棄物処理施設設置の許可申請に当たって環境影響評価調査の実施等の手続きの明確化、申請を受けた知事による告示、縦覧。産業廃棄物に全面管理票（マニュフェスト）制度を導入。罰則強化、最も重い罰則は3年以下の懲役、1,000万円以下の罰金、法人の産業廃棄物投棄禁止違反に1億円以下の罰金。 （1997年政令改正。一定規模未満の安定型、管理型の処分場は規制対象外とされていたが、すべての処分場について処分規制対象とされた。）
2000年6月	法律の一部改正。国に廃棄物処理やリサイクルについての基本方針を策定すること、都道府県に廃棄物処理計画を策定することなどを規定。多量の排出事業者に減量・処理の計画策定を義務づける規定。排出事業者に最終処分までの確認と責任。野外焼却を禁止。
2000年6月	「循環型社会形成推進基本法」制定。
2003年6月	廃棄物処理法の一部改正。廃棄物である疑いのあるものについて立入権限等の拡充、不法投棄未遂罪の創設、環境大臣による廃棄物処理施設設置計画策定など。
2004年6月	廃棄物処理法の一部改正。廃棄物最終処分場の跡地の土地形質変更の届出義務、廃棄物処理施設における事故時の応急措置・届出義務、硫酸ピッチのような特に危険な廃棄物の基準に適合しない処理の禁止、不法投棄の罪を犯す目的で廃棄物を運搬した者の処罰など。

注：廃棄物処理法・同法政令の制定・改正の経緯、各年版循環型社会白書などにより筆者作成

法制度の必要性が認識されるようになった。

　こうした状況を背景として、1991年の廃棄物処理法改正では廃棄物の発生抑制、再生利用という概念が初めて導入された。1970年の制定当初の同法の目的について、「廃棄物を適正に処理し、及び生活環境を清潔にする……」と規定していた部分を、1991年改正により、「廃棄物の排出を抑制し、廃棄物の適正な分別、保管、収集、運搬、再生、処分等の処理をし、並びに生活環境を清潔にする……」と改正し、また、それまでの廃棄物に関する政策が主に適正処理、環境保全などに関心を払っていたことを転換して、廃棄物の排出抑制、廃棄物の分別・再生についても規定した。1991年の改正では「特別管理廃棄物」の考え方が導入された。これによって爆発性、毒性、感染性などが心配されるとして指定された廃棄物はそれぞれに特別の処理基準が設けられ、通常の処理や処分場への廃棄ができなくなり、より安全な対応がとられることとなった。また、該当する廃棄物は管理票制度（事業者から処理業者への移動、その他の移動・処理ごとに管理票を付すことにより廃棄物の流れを管理する制度。この管理票は「マニフェスト」と通称される。）により管理することとなった。また、廃棄物処理施設について、それ以前の段階では「届出制」であった制度を改めて、市町村が設ける処分場を除いて、一般廃棄物処理施設（市町村が設置する場合、及び浄化槽を除く。）、産業廃棄物処理施設について許可制をとるなどの許可制等の導入がなされた。

　1997年の廃棄物処理法改正では、廃棄物処理施設の設置の手続きについて、環境影響評価を実施する規定を設けた。改正法は許可を要する廃棄物処理施設の許可申請にあたって生活環境への影響調査等の環境影響評価を実施した書類を添付するべきことを義務づけ、申請を受けた知事がその書類を告示・縦欄すること、市町村長の意見を聴取するべきこと、などを規定した。また、特別管理産業廃棄物にだけ適用されていたマニフェスト制をすべての産業廃棄物に適用することとした。1991年の改正時に最も重い罰則を3年以下の懲役、300万円以下の罰金としていたが、1997年改正はそれを強化して、許可を得ないで行った廃棄物の処理等に対する3年以下の懲役、個人の産業廃棄物投棄禁止違反に対する1,000万円以下の罰金、法人の場合には1億円以下の罰金等が規定

された。さらに1997年の政令改正により、それまで一定規模未満の安定型、管理型の処分場を規制対象外としていたことを改めて、すべての処分場を規制対象とするよう改正した。

　2000年改正では、国に廃棄物処理やリサイクルについての基本方針を策定すること、都道府県に廃棄物処理計画を策定することなどを規定し、多量の排出事業者に減量・処理の計画策定を義務づけるよう規定した。また、排出事業者に最終処分までの確認と責任が課せられ、野外焼却を禁止することも規定された。2003年改正、2004年改正ではさらに不法投棄を防止するために、廃棄物である疑いのあるものについて立入権限等の拡充、不法投棄未遂罪の創設、不法投棄の罪を犯す目的で廃棄物を運搬した者の処罰など、また廃棄物最終処分場の跡地の土地形質変更の届出義務、廃棄物処理施設における事故時の応急措置・届出義務などの規定が追加された。

7－3　資源リサイクル

　1982年にナイロビサミットが開催されてナイロビ宣言が発表されたが、1972年の人間環境宣言において十分に指摘されていなかった地球環境問題が大きく取り上げられた。日本国内では、1981年の環境白書が初めて地球環境問題を取り上げるなど、1980年代になって地球規模で環境を考える動きが高まっていった。ナイロビサミットを契機に設けられた「環境と開発に関する世界委員会」が、1987年に報告書「Our Common Future」を国連に提出、公表した。同報告書は地球環境と人間社会とのあり方について「持続可能な開発」という概念を提案した。この概念は、世界の貧困に注目した開発の必要性と環境の有限性を認識しつつ、将来の世代の欲求を損なうことなく、現在の世代の欲求を満足させるとするもので、1992年の国連環境開発会議における「リオデジャネイロ宣言」の基調となる概念として採用された。その後、地球規模における問題だけでなく、国内や地域のレベル、個別の組織等のレベルに至るあらゆるレベルにおける環境と社会経済活動の関係についての望ましい基本的なあり方として捉えられるようになった。

1993年に制定された日本の環境基本法は、日本社会が1960年代から築き上げてきた公害対策、自然環境保全の考え方に加えて、地球環境保全と国際協力の考え方を追加し、持続可能な開発の概念をもとに、環境政策を進めていくことを基本理念とした。

　廃棄物の処理処分に関しては、1980年代に廃棄物最終処分をめぐって処分場の確保難、処分残余年数の逼迫が社会的な関心事となった。その背景の一つの大きな要因は、廃棄物政策の基本的な枠組について、廃棄物を安全に、衛生的に処理することを主目的に掲げて諸施策が進められ、リサイクルをする考え方や施策がとられていなかったことであった。地球環境問題を考える一つの視点として、「大量生産、大量消費、大量廃棄」型の社会経済活動を改めて、再生不可能な資源の利用を抑制し、不要となった商品や廃棄物等を可能な限り再使用・再利用する社会を形成することが重要と考えられるようになった。持続可能な開発を基本的な環境政策のよりどころとする環境基本法においては、廃棄物、温室効果ガスなどは、環境への負荷として捉えられ、環境政策の重要な柱の一つとしてこれらの負荷を抑制する施策を進めていくこととされた。

　環境基本法の制定に先行して、1991年に廃棄物処理法は廃棄物の適正処理、生活環境の清潔の確保に加えて、廃棄物の排出抑制、廃棄物の分別・再生についても規定した。しかし、生産過程における不要物の排出抑制、使用された後に不要となる商品等が再使用・再生利用されやすいこととなるような配慮の仕組、不要物を資源として再使用・再生利用する社会制度の構築、廃棄物・不要物に関する製造者の責任等については、廃棄物処理法においてではなく、別の法制により具体的に規定され、実施された。

　1991年の廃棄物処理法の改正と同時に、生産過程において廃棄物の減量化やリサイクルに配慮し、商品が不要となる場合におけるリサイクルにも配慮するなどのための法制度として、「再生資源の利用の促進に関する法律」が制定された。同法は2000年に循環型社会形成推進法の制定と同時に改正され、「資源の有効な利用の促進に関する法律」に改正・改称されている。製造業種等ごとに、製品を生産する等の段階で副産物の発生抑制・リサイクルすること、再生資源・再生部品を利用すること、設計・製造において使用済製品の発生抑制や再利用

等に配慮すること、分別回収のための表示をすること等の義務づけなどを骨子としている。製造業者等の側から廃棄物の発生抑制や資源リサイクルを求めるもので、製品の製造、社会へ持込む製品のあり方、さらには製品等の回収を規定する点を特徴とする。また、この法律の仕組に関係する製造業等は極めて幅広い業種・製品の分野をカバーする点において意味がある。

　1995年に「容器包装廃棄物の分別収集及び再商品化の促進等に関する法律」が制定された。容器包装がごみに占める割合が容量比で6割、重量比で3割弱に達して市町村の負担に大きな割合を占めること、再使用、再生利用が可能な資源が多く含まれていること、最終処分場の残余容量が問題となってきたことなどを背景として、リサイクル制度の導入が求められる状況にあった。ガラスびん、ペットボトル、プラスチック容器包装、紙容器包装などの容器を対象とし、消費者が分別排出し、市町村が分別回収したものについて、容器包装の製造事業者、容器包装の利用事業者が引き取って再生利用する仕組をとった。この法律の制定時期に海外の事例として、包装を行う事業者に直接に回収・リサイクルを義務づけるドイツの事例、自治体が回収したものを事業者が引き取るフランスの事例があったが、日本はフランス型を採用した。事業者に直接回収責任を求めるのではなく、消費者と市町村の分別回収を前提とする制度とした。さらには、市町村によって回収されたものをすべて引取るのではなく、計画数量だけを引き取ること、分別、貯蔵等において要件に適する物を引き取ることなどを前提とした。

　1998年に「特定家庭用機器再商品化法」が制定された。この法律では「特定家庭用機器」を指定し、それが不要となった時点で関係事業者が引き取って再商品化をする仕組をとった。同法の政令でエアコン、テレビ、冷蔵庫、電気洗濯機が指定された。この法制度によってこれらの家庭用機器が直接には廃棄物とはならなくなった。使用者は不要となって引き取ってもらうにあたり料金を支払う制度を採用した。製造事業者側は再商品化を行う施設として全国にリサイクル工場を受け皿として用意した。再商品化について、事業者は再商品化等基準を達成することが義務づけられ、エアコン60％、テレビ55％、冷蔵庫50％、洗濯機50％とされ、環境省によれば再商品化基準が達成されている。この法律

の施行後、年間約1,000万台／年が回収されているが、約1～2％の割合で不法投棄がなされており、国民のあり方が問われるものである。(「平成17年版循環型社会白書」)

2000年に「食品循環資源の再生利用等の促進に関する法律」が制定された。食品廃棄物の排出量は、特に一般廃棄物について多く（2000年度食品系一般廃棄物約1,800万t／年、産業廃棄物約400万t／年）、再生利用率が低い（2002年度12％程度）状況にあった（農水省資料）。この法律は、食品廃棄物等で有用なもの（食品循環資源）の再生利用、食品廃棄物の発生抑制等を目的としており、事業者、消費者に食品廃棄物等の発生の抑制、再生利用の促進に努めるよう求め、年間100t／年以上の食品循環資源を排出する事業者に必要があれば再生利用等の措置を勧告すること、勧告に従わなかった場合には公表すること、さらに勧告した内容を命令することもできることを規定した。なお、環境省によれば、この法律で、食品の製造・加工・卸売・小売及び飲食店業などをする食品関連事業者とされる事業者は約100万業者、そのうち食品廃棄物等が年間に100t以上の業者の約1万6,000が全食品循環資源の約6割を排出している（環境省ホームページ、「平成13年版循環型社会白書」）。この法律の特徴は、こうした食品循環資源を排出事業者の委託により再生する「登録再生利用事業者」の制度を設けて、肥料化、飼料化などを行い、再生された肥料、飼料を農業などで使用することを促すような一体的なシステムの構築を目指していることにある。また、この法律に基づいて食品循環資源の再生利用を促進するための基本方針が2001年に定められ、2006年度までに食品関連事業者の再生利用の実施率を20％とする数値目標が設けられている。

2000年に「建設工事に係る資材の再資源化等に関する法律」が制定された。この法制度を設けた背景には、建設廃棄物は産業廃棄物の約2割、最終処分量の約4割を占めていること（2000年度）、また、建設廃棄物に起因する不法投棄事件が多く、件数および不法投棄量で約6割を占めることがあった。この法律は、一定規模以上の建設工事について、工事を受注した事業者に分別解体等によってコンクリート、木材、アスファルト・コンクリートに分別し、それぞれ再資源化を行うこと（処理業者に委託可）を義務づけた。この法律に基づく

基本方針が2001年に定められ、それによれば2010年までに建設廃棄物の再資源化率を95％とすること、国の直轄事業については2005年度までに最終処分量をゼロとすることを目標にしている。2000年度における建設廃棄物の再生利用率は約85％である。(「平成14年版循環型社会白書」)

2002年に「使用済自動車の再資源化に関する法律」が制定され、2005年1月に施行された。日本では年間約500万台の不要となる自動車が発生し、そのうちの約100万台が輸出されるが、残りの約400万台が国内で廃棄されている。これらの自動車の再生利用については、解体業者による再使用20〜30％、素材の再生利用50〜55％、それに自動車破砕物(「シュレッダーダスト」と呼ばれる)再生利用等を加えると、全体では85％程度がリサイクルされている(「平成14年版循環型社会白書」)。しかし、1970年代後半頃から、シュレッダーダストは各地で最終処分段階において不法投棄され、あるいは野焼きされることによるトラブル等の問題を引き起こした。そうした背景と製造者・使用者の責任の明確化、さらにはリサイクルの考え方からこの法律が制定された。この法律の制度の特徴は、購入者が自動車の購入時にリサイクル料金を資金管理法人に払い込み、自動車が最終的に不要となって処理される場合における処理料金を、資金管理法人が支払うこと、再使用・再生利用などがなされた後に不要となるシュレッダーダストについては自動車の製造業者及び輸入業者が引き取るという制度を採用したことである。つまり、この法律では自動車の使用者と製造業者及び輸入業者の責任において、使用済自動車の処理・処分がなされることとされたのである。

7－4 循環型社会形成推進基本法と循環型社会への志向

2000年に「循環型社会形成推進基本法」が制定された。この法律は、1991年制定の「再生資源の利用の促進に関する法律」(2002年に「再生資源の利用の促進に関する法律」に改正・改称された)を初め、リサイクルに関する個別法に共通する考え方を包括し、循環型社会の理念やビジョンを明らかにする役割を持った。この法律は、環境基本法における基本的な理念である持続可能な

社会を実現するにあたって、資源・エネルギーの使用の抑制、有効利用を進めることが緊要な社会的課題であることから、環境基本法の持続可能な社会の一翼を担う循環型社会を実現するため、環境への負荷の少ない社会形成を推進するという枠組を定める基本法として制定された。

　この法律は「循環型社会」を、「天然資源の消費を抑制し、環境への負荷ができる限り低減される社会」であって、そのために廃棄物の発生が抑制され、循環利用が促進され、循環利用が行われないものについて適正な処分が行われるような社会と定義している（法第2条第1項）。また、廃棄物等について、有用なものである「循環資源」の利用を促進すること、処理の優先順位を①発生抑制、②再使用、③再生利用、④熱回収、⑤適正処分とすること、とした。「循環型社会形成推進基本計画」（以下、「循環基本計画」）を政府が策定し、5年ごとに改定することを規定した。この計画は、循環型社会の実現を目指して、施策についての基本方針、施策を推進するために国、地方公共団体、事業者、国民がそれぞれに果たすべき役割、施設整備の基本方針等についての総合的、計画的なビジョン等を盛り込むものとした。

　また、事業者に対する責務として、廃棄物の発生抑制、原材料等のリサイクル利用、廃棄する場合の適正処理だけでなく、「拡大事業者責任」を求めた。事業者の拡大生産者責任として、製品や容器の長寿命化、廃棄物発生抑制措置を講じ、設計の工夫、材質等の表示等を通じて、循環利用が促進されるよう、処分が困難とならないようにすること、製品、容器等についてシステムが整えられた場合には、製品、容器等の引き取り、循環的利用を行うことなどを規定した。

　1970年に制定された廃棄物処理法においては、廃棄物処理の基本的な考え方として、廃棄物を適正に処理し、生活環境の保全、公衆衛生の向上を図るとの目的のもとで、規制的な手法による施策をとってきた。また、循環型社会形成において、これからの生産者に求められる新しい責任として、「拡大生産者責任」という考え方が導入されてきた。近年、規制的な手法、拡大生産者責任の考え方に加えて、廃棄物処理、リサイクルにおける手法として経済的な手法が導入されるようになった。

表 7-3　1990 年代の主なリサイクル関係法の制定・改正等

制定年	法　律　名
1991 年	廃棄物処理法の改正
	再生資源の利用の促進に関する法律（2002 年に改正）
1993 年	環境基本法
1995 年	容器包装に係る分別収集及び再商品化に関する法律
1998 年	特定家庭用機器再商品化法
2000 年	食品循環資源の再生利用等の促進に関する法律
	建設工事に係る資材等の再資源化等に関する法律
	循環型社会形成推進基本法
2002 年	使用済自動車の再資源化に関する法律
	資源の有効な利用の促進に関する法律
	（再生資源の利用の促進に関する法律を改正）

　ごみ処理に要する費用については 1989 年度に約 1 兆 2,600 億円、国民 1 人当たり約 1 万円の処理費用であったが、2001 年度には約 2 兆 6,030 億円、国民 1 人当たり 2 万 500 円となっている。廃棄物処理法により一般廃棄物の処理については市町村が責任を負っており、処理費用は税により賄われている。ごみの減量化と市町村負担の抑制を目指して、ごみの排出に対して料金を徴集する「従量制」の導入が行われるようになってきた。2001 年度に一般廃棄物の生活系ごみについて約 80％の市町村が、事業系ごみについて約 88％の市町村が手数料を徴収しており、それによる歳入額は全費用に対して 6.6％程度である。（「平成 17 年版環境統計集」、「平成 16 年版循環型社会白書」）

　県レベルでは産業廃棄物の最終処分等に対して課税する制度が採用されるようになった。2004 年 11 月の時点で、47 都道府県中の 21 府県及び北九州市で既に条例による課税措置が施行されている。いずれも「法定外目的税」として最終処分場への搬入に対して課税している。（「平成 17 年版循環型社会白書」）

　経済的な手法の一つである「デポジット制度」はあらかじめ販売時に回収費

表 7-4　循環型社会形成推進基本計画の目標

	2010 年度目標	現　状
物質フローに関する目標	資源生産性（1）約 38 万円／トン 循環利用率（2）約 14% 最終処分量　　約 28 百万トン	2000 年度　約 28 万円／トン 〃　　約 10% 〃　　約 56 百万トン
廃棄物に対する意識・行動	約 90% の人たちが意識を持ち、約 50% の人たちが具体的に行動する。（3）	2001 年度世論調査結果 「(いつも・多少) ごみを少なくする配慮やリサイクルを心掛けている」人　71% 「(いつも・できるだけ・たまに) 環境にやさしい製品の購入を心掛けている」人　83%
廃棄物等の減量化	2000 年度比 　排出されるごみの量　20% 減	2000 年度 家庭ごみ排出量 630g／日・人、事業所ごみ排出量 10kg／日
環境ビジネス	グリーン購入（4） 　地方公共団体　約 50% 　上場企業約 50%、非上場企業約 30% 環境報告書公表・環境会計実施 　上場企業　約 50% 　非上場企業　約 30% 環境ビジネス市場・雇用規模 　1997 年度比　2 倍	2001 年度　グリーン購入 地方公共団体　約 24% 上場企業約 15%、非上場企業約 12% 2001 年度 環境報告書公表：上場企業　約 30 社、 　非上場企業　約 12% 環境会計実施：上場企業　約 23%、 　非上場企業　約 12% 1997 年度 循環型社会ビジネス規模　約 12 兆円 循環型社会雇用規模　約 32 万人

注 (1)：国内総生産（GDP）／天然資源等投入量
　(2)：循環利用量／（循環利用量＋天然資源等投入量）
　(3)：世論調査結果による。
　(4)：購入・利用可能な製品・サービスの中から環境に対する負荷の少ないものを優先して購入・利用すること。なお、国においては 2000 年に制定された「国等による環境物品等の調達の推進等に関する法律」により、2001 年度から全面的に実施されている。この法律は「グリーン購入法」とも称される。

用を上乗せして販売し、回収時に費用を払い戻しする制度で、自動車リサイクル法における処理費用の前払制が典型的な事例である。アルミ缶、スチール缶などのような容器包装に対して有効と考えられるところから一部の地域で採用されている。「平成15年版循環型社会白書」は、2001年4月時点で、北海道函館市、大阪府豊中市などのように、人口の多い市が事業主体となって実施している例を含む45市町村で実施していることを紹介している。

　2003年3月に循環基本計画が閣議決定された。それによれば、20世紀が大量生産、大量消費型の経済社会を広めることによって、多くの恩恵をもたらすと同時に、大量廃棄型の社会を形成して物質循環に配慮しないことによって、国内的には廃棄物処理・処分等に伴う諸問題を、また国際的には資源の枯渇や地球環境への負荷などの問題を生じさせたとの認識のもとに、これからの課題として、日本の社会経済活動について、総物質投入量・資源採取量・廃棄物等発生量・エネルギー消費量の抑制、再使用・再生利用の推進によって、資源消費の抑制、環境への負荷の低減に取り組むとしている。同計画は2010年度を目指した意識・行動、廃棄物等の減量化、循環型社会ビジネスについて数値目標を掲げているが、指標として理解しやすいものとなっている。2010年はあまり遠くない、むしろ近い将来であるが、こうした目標に向けた国、地方自治体、さらには事業者、国民の努力が求められる急を要する課題である。

第8章
環境影響評価

8-1 日本における環境影響評価制度の形成概要

　環境影響評価制度は、開発に伴う環境影響を事前に評価・検討して、環境影響を避け、あるいは可能な限り少なくする制度である。日本では1997年制定の環境影響評価法、及び都道府県等が条例により定める環境影響評価制度などによって実施されている。こうした制度が整うまでの主な経過は以下のとおりである。

　日本では1960年頃から産業立地にあたって事前に環境影響を調査するようになった。政府レベルにおいて、開発にあたって環境影響を考える事前調査は1960年に西宮市の石油産業立地について1年間調査された事例が最も早期のものであった。1963年に四日市、東駿河湾の石油コンビナート計画について通産省・厚生省（いずれも当時）による産業公害調査団が設けられて調査が行われた。西宮、東駿河湾については事前に調査がなされたものであるが、いずれも計画は住民の反対運動等によって撤回された。四日市については、既に多くの工場が稼動しており、四日市喘息が顕在化した段階でなされたものであったので、調査団は発生した問題に対する対策を検討するような役割を持つこととなった。（「昭和50年版環境白書」）

　1965年から、通産相（当時）が産業公害事前調査、厚生省（当時）が工業開発地域事前調査を行うようになった。茨城県鹿島、岡山県水島、大分県鶴崎などの大規模工業開発が計画され、または開発が進み始めた地域について、相次

いで調査がなされ、大気汚染、水質汚濁、騒音等の公害を未然に防止するとの考え方により、公害の予測、予測結果に基づく発生源の対策、土地利用等のあり方などをまとめて、立地企業、国・地方自治体がなすべき対策・施策を提言した。このような調査は 1970 年までに産業公害事前調査が 33 地域について、工業開発地域事前調査地域が 24 地域について行われた（「昭和 46 年版公害白書」）。しかし、行政のレベルの調査にとどまり、環境影響評価制度に発展しなかった。

　1969 年にアメリカで国家環境政策法が制定されて、補助金の交付を含む連邦政府が関与する行為で、環境に影響を与えるおそれのある場合に、環境に与える影響、代替案等を記載した報告書を作成、公表することを義務づける制度を設けた。この制度は、事業等を所管する官庁が、住民、地方政府、環境保護庁を含む連邦官庁等の意見を反映して、環境影響、代替案を作成して報告書案にまとめる。これを関心を持つ住民・住民団体、関係官庁等に送付し、必要と判断されれば公聴会を開催して、意見を得て、提出意見をもとに報告書案を再検討して、提出された意見を添付して、最終報告書を作成する。こうした手順を経ることによって、開発に伴う環境への影響について、不適切な環境影響を避け、あるいは可能な限り影響を低減すること、また、開発と環境の関係について住民を含む関係者の合意を形成することが期待できるものである。アメリカのこの制度は後に環境影響評価制度として各国で取り入れられていくこととなった。（原科）

　日本は、1972 年に閣議において「各種公共事業に係る環境保全対策について」を了解した。これは環境影響評価の考え方を導入したものであった。国、政府関係機関等による各種公共事業について、計画の立案、工事の実施等による公害の発生、自然環境の破壊等の環境保全上の支障を未然に防止するために、あらかじめ事業が環境に及ぼす影響、影響の防止策、代替案の比較検討等を行って措置をとることとした。これを契機として、国のレベルにおいては、港湾法、公有水面埋立法の改正により、また、環境庁（当時）の指導等により、さらには通産相（当時）による電源開発に関する省議決定に基づく指導により、**環境影響評価**が行われるようになった。

1970年代の後半頃から、地方自治体が独自の環境影響評価制度を設けるようになった。川崎市が1976年に市の条例において環境影響評価を実施する制度を設けたが、その後地方自治体が条例や要綱によって開発事業者に環境影響評価を義務づける先駆的な事例となった。その後1978年に北海道、1980年に東京都、神奈川県が条例を制定するなど、1997年に環境影響評価法が制定される前までに、条例によるもの6団体、要綱等によるもの45団体の51地方公共団体が制度を設けていた。

　環境影響評価制度は、開発と環境影響について社会的に大きな意味を持つ制度であるので、開発実施者の責任、手続き・手法などの統一的な実施、国の制度と地方制度の整合性等の法的な枠組が明確にされる必要があった。このために1981年に政府は環境影響評価法案を取りまとめて国会に提案した。これに対して法案を不十分とする野党の反発があり、また、経済界が法案に反対の意見表明をするなどにより、法案の審議は進まず1983年の国会の解散によって廃案となった。このために環境庁（当時）は改めて国における環境影響評価のあり方を統一的な制度として実施するために「環境影響評価に実施について」を閣議決定し、国が関与する事業に限定して、環境影響評価を実施してきた。また、地方はそれぞれに条例、要綱による制度により開発事業に環境影響評価を実施してきた。しかし、国として統一的な環境影響評価の法制度を持たない状況は、先進国としては誇れる状態ではなかった。

　1993年に環境基本法案が国会に提案されたが、法案に、国が環境影響評価の推進のための措置を講ずることとされていたことについて、国会審議の過程で議論がなされ、環境影響評価法の制定を想定するとの政府側の答弁がなされていた。同年に環境基本法は国会で可決、成立し、その後環境影響評価法案の検討が進められ、1997年に国会に提案されて可決、成立した。

8-2　公共事業等に関する行政指導レベルの環境影響評価

　1969年にアメリカが国家環境政策法によって環境影響評価の制度を世界で初めて制度化したが、3年後の1972年に日本では「各種公共事業に係る環境保

全対策について」を閣議了解し、環境影響評価を行う考え方を決定した。この後、1973年に港湾法、公有水面埋立法の一部改正により、これらの法律に関係する開発について環境影響評価が行われることとなった。同年に「瀬戸内海環境保全臨時措置法」(1978年に「瀬戸内海環境保全特別措置法」に改正・改称された）が制定されたが、同法では瀬戸内海と流入河川に排水を排出する特定施設を設置する事業者が設置許可を得ようとする場合に環境影響評価についての事前評価書の添付を義務づけ、縦覧に供し、利害関係者が意見を提出すること、地域住民の意見を反映させること、などの仕組を法制化した。1977年には通産省（当時）が「発電所の立地に関する環境影響調査及び環境審査の強化について」を省議決定し、行政指導レベルではあるが電気事業法に係る発電所の計画について環境影響評価を行うこととされた。さらに1978年には建設省（当時）が建設省の所管事業について、1979年には運輸省（当時）が整備五新幹線について、それぞれ行政指導レベルの環境影響評価を行うこととなった。こうした法律、通産省等による環境影響評価とは別に、環境庁（当時）は環境影響評価実施指針を指示するなどにより、「むつ小川原開発」（青森県）などの個別の大規模開発計画について環境影響評価を行うような指導を行った。

　1970年代の中頃から、大規模開発について環境影響評価が実施された。苫小牧東部（北海道）工業開発計画は総開発面積1万2,000ha以上に及ぶ大規模な計画であったが、北海道によって1973〜1975年に、1978年を目標とする第一段階の開発計画について環境影響評価が行われた。次いで北海道条例によって1983年を目標とする第二段階の開発計画について環境影響評価が行われた。「むつ小川原開発」は約5,500haの工業開発計画であったが、これについては環境庁（当時）が環境影響評価実施の指針を示して、1977年に環境影響評価が実施された。この環境影響評価においては住民への説明会の開催、環境影響評価報告書の公開・縦覧、意見の提出を得るなどの手続きを経て行われた。なお、これらの2つの大規模開発は、環境影響評価は実施されたが、日本経済の低成長への移行とともに全体としては実現しなかった。(「環境庁十年史」)

　1977〜1978年に本州四国連絡橋児島・坂出ルートについて環境影響評価が行われた。この連絡橋計画は岡山県児島と香川県坂出を架橋等による国道・鉄道

によって結ぶもので、1975年に政府で建設合意が成立したことにより、事業主体である本州四国連絡橋公団に対して、環境庁（当時）が環境影響評価基本方針を指示し、建設省・運輸省（いずれも当時）が実施指針等を指示して環境影響評価が実施された。住民に対する説明会を開催したこと、関係者の意見提出を得たことなど、「むつ小川原開発」と同様の手続きがなされた。この架橋等は10年後の1988年に計画どおりに完成し、国道、鉄道が供用されて今日に至っているが、供用当初に環境影響評価による鉄道騒音の努力目標（80デシベル）が達成できなかったために、目標が達成できるまでの約2年間にわたって、沿線の住民、事業主体、鉄道運行者等の間で紛争となった（井上）。

1973年の港湾法の一部改正に基づく環境影響評価が、志布志湾（鹿児島県、1979年）、小名浜港（福島県、1981年）、北九州港（1981年）などについて、同年の公有水面埋立法の一部改正に基づく環境影響評価が、北九州・響灘（1970年）、東予港（愛媛県、1975年）などについて実施された。電源立地に関する通産相（当時）の1977年の省議決定に基づく環境影響評価は、今市揚水発電所（栃木県）、芸南（広島県）の竹原火力発電所3号機、大崎火力発電所1号機、森地熱発電所（北海道）などについて実施された。（「環境庁十年史」）

これらの環境影響評価手続は関係省庁ごとに個別に定められていた。市町村、住民が意見を提出する機会が設けられ、今日の環境影響評価制度に近い制度がとられた。1970年代の後半頃には、多くの事例の経験が蓄積され環境影響評価が社会的に定着するようになったが、個別事業に対する予測・評価・手続きにおいて整合性のある制度を法律により定めるべきとする考え方が広がった。1970年代の後半頃までには地方自治体が独自の条例等により環境影響評価を求めるようになっていった。こうした状況を背景として環境影響評価法案を作成する努力が重ねられたものの政府内で合意に至らない状態が続き、産業界、関係省庁、さらには政権与党が絡み合う政治問題となり、当時の総理大臣の意向による関係閣僚協議会が調整を行う事態となった。1980年5月には政府による法案がとりまとめられたが、電源立地に対する影響を心配する産業界の強い反発により、さらに政府・与党の調整が行われ、最終的に発電所を対象から外して、1981年に政府により環境影響評価法案が用意されて国会に提案された。

国会では野党側が法案の内容を不十分として反対し、一方、発電所を外したものの経済団体連合会が反対声明を出すなどにより、国会審議は進まなかった。その後の国会の開催・閉会ごとに継続審議の取り扱いがなされる状態が続いたが、1983年の国会解散により法案は廃案となった。(「環境影響評価法の解説」)

環境影響評価法案の廃案の後、環境庁(当時)は法案の国会への再提出と早期成立を目指したが、時の政権与党の考え方は、「現時点での法制化の必要性の有無、法律と条例との調整、訴訟の多発による開発事業遅延の可能性、住民参加のあり方、予測手法の技術水準の現状等の問題点について、見解の一致を見るに至らず……」法案の提案を見送るとの方針が示された(瀬川)。このため1984年に政府は法案を基礎とする「環境影響評価の実施について」を閣議決定し、環境影響評価実施要綱(以下、「閣議決定要綱」)等を決定した。

閣議決定要綱により、環境影響評価の実施を求める11種類の事業が具体的に決められた。これらの事業は、国が実施し、あるいは許認可、補助金交付等により国が関与するもので、高速道の新設・改築等、新幹線鉄道の建設・改良、湛水面積が200ha以上のダム、滑走路が2,500m以上の飛行場、30ha以上の廃棄物処分場、50ha以上の公有水面埋立等、工業団地造成などの面開発について100ha以上のものなどであった。対象事業について、発電所は廃案となった法案のとおりに除外され、都市計画、港湾計画については地方公共団体が計画主体となるものであるために、国の閣議決定による制度に取り込むことができないとの考えから除外された。

閣議決定要綱は、事業の種類と規模要件に該当するものについて、事業者が環境影響評価準備書を作成し、これを公告・縦覧し、また関係住民に説明会を開催すること、関係住民からの意見書の提出を得て、それらの意見書を付して都道府県知事に準備書を送付すること、関係市長村長の意見を踏まえた都道府県知事の意見を得ること、それらをもとに環境影響評価書を作成し、これを公告・縦覧すること、評価書の提出を得た関係省庁(主務大臣)が環境庁長官の意見を配慮して免許等を行うこと、などの手続きを明記した。

8－3 環境影響評価法

1972年の「各種公共事業に係る環境保全対策について（閣議了解）」によって実施されるようになった日本の環境影響評価は、1983年の環境影響評価法案の廃案などの曲折があったが、1984年の閣議決定要綱、1970年代後半頃からの地方自治体の制度によって実施され、1990年代には社会的に定着していた。1993年制定の環境基本法においては、事業者が環境影響評価を行うことを推進するために国が必要な措置を講ずるべきことを規定し、環境影響評価が法律において位置づけられた。1997年には国会に環境影響評価法案が提案されて可決、成立した。これにより法定制度としての環境影響評価が行われることになった。先進諸国の中では最も遅い法制化であった。同法では、閣議決定要綱などを踏襲して、事業の実施者に事業実施に伴う環境影響の調査・予測・評価を行わしめること、対象事業について、法定の免許等・国庫からの補助金交付・国の監督下の特殊法人・国の実施などの国の関与要件を持つ事業に限定した。また、環境影響評価の実施手続を定めることに徹した法律となっており、事業主体が環境影響評価書の公告を行うまでは対象事業を実施してはならないこと（同法第31条第1項）、また、許認可等を行う者に対して環境保全上の配慮について審査しなければならないこと（同法第33条第1項）と規定している他は、別の諸法等に事業の許認可等を委ねた。こうした基本的な点で閣議決定要綱を法制度に移管するにとどまった。しかし、閣議決定要綱に比べて対象事業を拡大し、環境影響評価の方法書の手続を追加し、「関係地域内に住所を有する者」だけでなく、広く「環境保全の見地から意見を有する者」が意見を述べることとしたこと、その他の充実等がなされ、以下の諸点で意味を見ることができるものとなった。

環境影響評価法は、地方自治体が条例によって環境影響評価制度を設けることができることを規定し、これに基づいて2000年頃までに全47都道府県、12政令指定都市が、法制定を踏まえた条例の整備等を行って、国における制度と地方における制度の役割分担が明確となった（「平成13年版環境白書」）。環境影響評価法と同法を所管する環境省、同法による対象事業に関わる関連法令と

許認可等に関わる関係省庁、同法との関係が位置づけられた地方条例による制度と対象事業等、法・条例による対象事業と実施主体、及び国民等の関連が総合的、体系的に明確になった。

(1) 法律による環境影響評価の意味

　法定制度への移行により、環境影響評価の実施対象事業者にとって、環境影響評価手続きは法律に基づく義務となった。閣議決定要綱において対象事業の事業主体は、いわば行政指導を受けて自主的に要綱の制度に協力して環境影響評価を行っていたともいえるものであった。法制定により、事業者は法制度のもとに諸手続や事業実施における環境配慮を求められることになった。また、対象事業についてそれぞれの個別の法律により免許等を行う者の審査においては、環境影響評価書の内容により、環境の保全に適正な配慮をしているかどうかを審査し、免許等を拒否し、あるいは条件を付すとの規定を、環境影響評価法において規定した。この点については、免許等における個別法で環境保全への配慮の規定が設けられていない場合についても同様に取り扱うことができることを規定した。

(2) 対象事業の拡大等

　対象事業については、法定の免許等・国庫からの補助金交付・国の監督下の特殊法人・国の実施などの国の関与要件のある事業に限定したことについては閣議決定要綱と同じ考え方であった。しかし、対象事業の拡大などを行った。要綱では除外されていた発電所が対象事業となった。在来鉄道、大規模林道も政令において対象とされた。また、対象事業規模の 75〜100% の規模の事業について、都道府県知事の意見を聞いて、事前に環境影響評価を行う必要性を検討・判定し、許認可等に関わる国の機関が要否を決定し、必要があれば実施を求める制度（スクリーニング）を取り入れた。環境影響の観点から対象事業の規模を引き下げて、実質的に対象事業を拡大した。

表 8-1 環境影響評価法による環境影響評価実施対象事業

対象事業	第一種事業	第二種事業
イ 道路	高速自動車国道：全 首都高速道路等：4車線以上全 一般国道　　　：4車線・10km以上 大規模林道　　：2車線20km以上	一般国道：4車線・7.5km以上10km未満 大規模林道：15km以上20km未満
ロ ダム、堰等	ダム、堰：湛水面積、100ha以上 放水路等：改変面積、100ha以上	ダム、堰：75ha以上100ha未満 放水路等：改変面積、75ha以上100ha未満
ハ 鉄道	新幹線鉄道：全 普通鉄道等：10km以上	普通鉄道等：7.5km以上10km未満
ニ 飛行場	滑走路：2500m以上	滑走路：1875m以上2500m未満
ホ 発電所	水力発電：3万kw以上 火力発電所(地熱以外)：15万kw以上 火力発電所(地熱)：1万kw以上 原子力発電所：全	水力発電：2.25万kw以上3万kw未満 火力発電所(地熱以外)：11.25万kw以上15万kw未満 火力発電所(地熱)：7500kw以上1万kw未満
ヘ 廃棄物最終処分場	30ha以上	25ha以上30ha未満
ト 公有水面の埋立及び干拓	50ha超	40ha以上50ha以下
チ 土地区画整理事業	100ha以上	75ha以上100ha未満
リ 新住宅市街地開発事業		
ヌ 工業団地造成事業		
ル 新都市基盤整備事業		
ヲ 流通業務団地造成事業		
ワ 宅地造成事業（工業団地を含む）		

注：環境影響評価法施行令により作成

第8章 環境影響評価 121

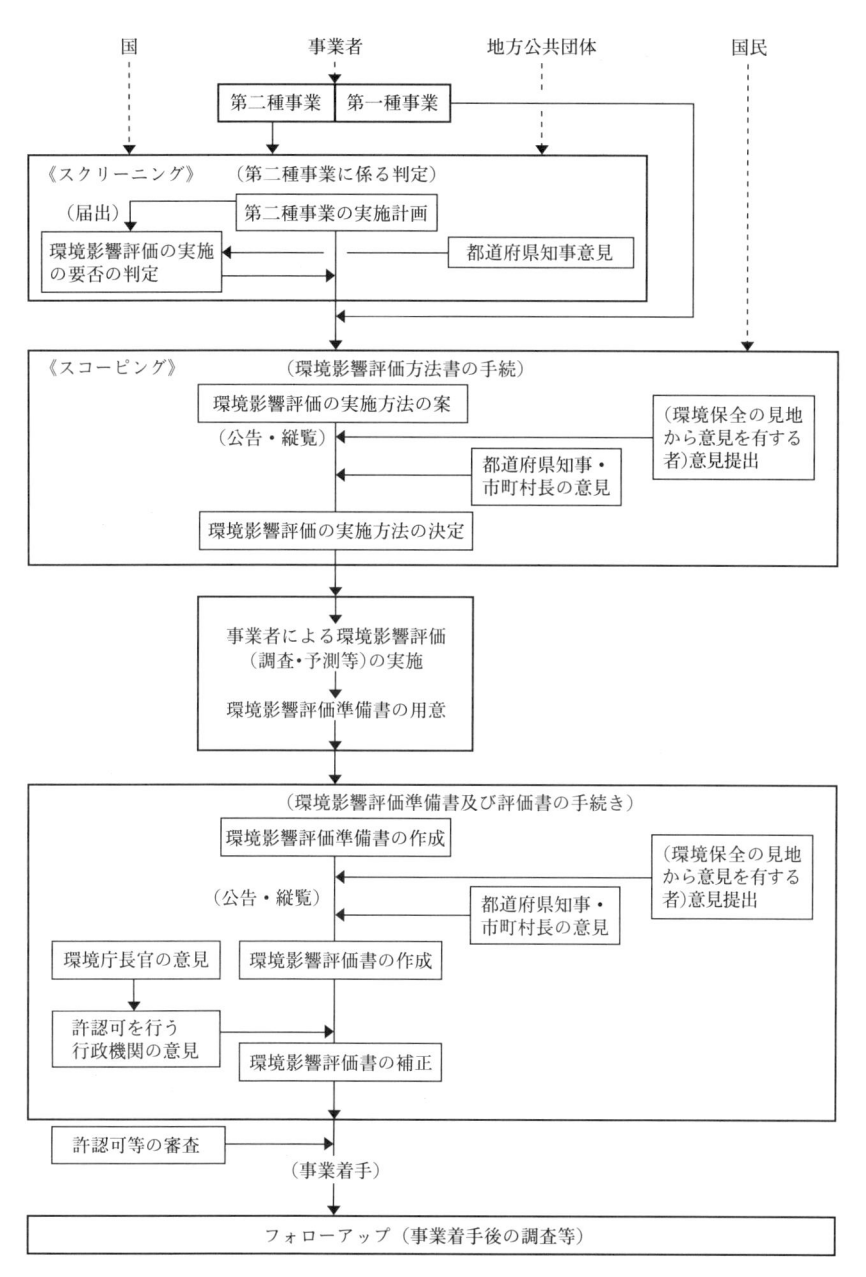

図8-1 環境影響評価法による手続きの概要
出典：「平成17年版環境白書」

(3) 環境影響評価実施方法書の手続きと意見提出者の拡大等

　環境影響評価の実施方法を決めることについての手続きを導入した。環境影響評価を行う事業について、事業者があらかじめ実施方法の案を作成して公告・縦覧をし、都道府県知事・市長村長、及び一般住民の意見を聞いて、決定する制度（スコーピング）を導入した。これは実施方法を決めるということにおいて、より適切なあり方が採用されるという側面とともに、環境影響評価の手続が早期に始められることになるものである。また、閣議決定要綱では「関係地域内に住所を有する者」に意見提出をすることができるとされていたが、法律では意見提出者は「環境保全の見地から意見を有する者」とされ、意見提出ができる段階は環境影響評価の実施方法を決める段階と、環境影響評価書の作成の段階の2段階で意見を述べることができるとした。

(4) 代替案、地方自治体との関係等

　環境影響評価法では、環境配慮のための検討の経過を記載することとされたことから、事業主体が検討経過の中で代替案について記述することにつながる可能性があり、また、環境保全措置で将来において発生する可能性のある環境状況に応じて環境状況の把握措置を記載することとされたことから、工事中や供用後のチェックが行われる途を開くこととなった。閣議決定要綱では環境庁長官（当時）は求められれば意見を提出するとされていたが、環境影響評価法では環境大臣は必要があれば意見提出することができることとなっている。また、意見の提出時期については環境影響評価書を最終的に公告する前の段階とされ、事業主体が評価書を補正することができることとなった。

　地方自治体との関係については、環境影響評価法の対象事業以外の事業について、地方公共団体が条例を設けて環境影響評価制度を設けることが可能であること、法対象事業の手続を行う各段階で、都道府県知事、市長村長が意見を提出するにあたって、審議機関を設けて意見を聴取するなどの手続きを条例で設けることが可能であることとした。また、事後措置等についてであるが、地方自治体が条例によって事業着手後の手続きを事業主体に義務づけることについては、環境影響評価法が事業着手前の手続きを規定していることから、法に

(5) 環境影響評価の実施件数

　環境影響評価手続きの実施件数についてであるが、環境影響評価法の制定前の閣議決定要綱等により実施された件数は約1,500件（1977～1999年）であった。閣議決定要綱によるものが466件、個別法等によるものが1,064件で、事業の種類で最も多かったのは港湾計画（618件）、その他に発電所の立地（342件）、道路の建設（308件）、埋立・干拓（123件）などであった（「2002年版日本の環境アセスメント」）。環境影響評価法の制定後に法に基づいて実施されている件数は手続きを完了したもの81件、手続きに着手したもの152件である（2003年3月末。「平成17年版環境白書」）。

表8-2　閣議決定要綱等に基づき環境影響評価等が実施された事業等

事業種	閣議要綱	個別法等	事業種	閣議要綱	個別法等
道路	308		廃棄物処分場	15	
河川関係	15		埋立・干拓（公有水面埋立法）	39	84
鉄道（整備5新幹線）		20	土地区画整理事業（注2）	65	
飛行場	17		新住宅市街地開発等（注3）	7	
発電所（電源開発促進法）		342	港湾計画（港湾法）		618
合　計				466	1,064

　注1：「2000年版日本の環境アセスメント」による。1977～1999年
　　2：新住宅市街地整備事業、工業団地造成事業、新都市基盤整備事業を含む
　　3：住宅・都市整備公団事業＋地域振興整備公団事業

8－4　地方条例等による環境影響評価

　地方自治体が環境影響評価制度を条例で設けたのは、1976年制定の「川崎市環境影響評価に関する条例」が最も早い例であった。その後、1978年に北海道、

1980年に東京都、神奈川県、1994年に埼玉県、1995岐阜県が条例を制定し、また、1978年に岡山県、神戸市が環境影響評価に関する要綱を設けるなどにより、1997年に環境影響評価法が制定される直前の1996年12月末の時点で条例によるもの5都道県と1政令指定都市の6団体、要綱等によるもの45団体の合計51団体が制度を設けていた。都道府県については2県を除いて制度を設けていたので、国の個別法等によるもの、閣議決定要綱によるもの、及び地方自治体の条例・要綱等によるものについて、それぞれの制度により、環境影響評価がなされていた。一般的に、地方の制度は、国の個別法、閣議決定要綱の対象とならない民間事業、地方自治体事業、及び国の制度の対象事業種で小規模な事業などを対象として実施された。国の制度と地方自治体の制度が対象事業について補完するような関係にあった。1997年に環境影響評価法が制定された後は、同法において地方自治体における制度との関係が明記されたので、地方自治体では法規定を踏まえて、それまで要綱等で実施してきた自治体は条例による制度に変えるなどの制度の見直しが行われた（「平成13年版環境白書」）。

地方自治体における環境影響評価法制定前の条例、要綱等の制度による実施件数は1,854件、宮城県、栃木県などで住民関与のない制度で実施された件数が約250件で、合計で約2,100件を超える。実施案件を事業別に見て多いのはレジャー施設492件、各種土地造成事業399件、道路建設183件、廃棄物処理施設148件、埋立・干拓130件などである。都道府県の制度による対象事業はそれぞれに対象事業と規模において異なるので単純に件数を比較できるもので

表8-3 地方公共団体による環境影響評価の実施状況（旧条例・要綱）

道路	河川	鉄道	飛行場	発電所	廃棄物処理施設	埋立・干拓	各種土地造成	港湾計画・施設	下水道終末処理	工場・事業場	レジャー施設	土石採取	その他	合計
183	24	88	38	68	148	130	399	43	29	63	492	18	131	1854

注1：「日本の環境アセスメント史」による（原典は「社団法人・日本環境アセスメント協会資料　2002年9月」）。
　2：この他に住民関与のない旧条例・要綱による宮城県、栃木県などにおける約250件の実施事例がある（「日本の環境アセスメント史」による）。

はないが、都道府県別に実施件数の多いのは東京都212件、長崎県150件、川崎市132件、三重県127件などである。環境影響評価法制定後の新しい条例制度の下で都道府県が実施した件数は2002年9月までで192件である。(「日本の環境アセスメント史」)

8-5 戦略的環境影響評価

政策、計画等を策定する場合に、環境影響評価を行うことを一般的に「戦略的環境影響評価 (Strategic Environmental Assessment：SEA)」、「計画アセスメント」と呼んでいるが、これは個別の事業の実施に対して行われるものとは違って、具体的な事業実施に先立つ政策作成、計画等の作成において、環境配慮について基本的な考え方を関係者、国民が共有しようとするものである。1993年制定の環境基本法は、国の施策の策定、実施において環境に影響を及ぼすと認められる場合に環境保全上の配慮をするべきことを規定した（同法第19条）。また、1997年の環境影響評価法の議決にあたって附帯決議がなされ、「上位計画や政策における環境配慮を徹底するため、戦略的環境影響評価についての調査・研究を推進し、国際的動向や我が国での現状を踏まえて、制度化に向けて早急に具体的な検討を進めること」とされた（「わかりやすい戦略的環境アセスメント」）。

環境影響評価法において、港湾計画についての環境影響評価手続きが規定された。この規定では港湾法に基づく港湾計画について環境影響評価の実施を明記したものであるが、港湾計画は10年後程度を見通す港湾開発の構想であり、具体的な港湾施設設置や埋立などの事業を行うものではない。したがって港湾計画についての環境影響評価の規定は、SEAに該当するものとされる。しかし、環境影響評価法においては、これ以外にはSEAに該当するものはない。一方、地方自治体では、東京都を初めとして、SEAについて、試みがなされ、あるいは行政内部でSEA的な考えを取り入れる動きが始まっている。諸外国では、1969年のアメリカ国家環境政策法が最も早くSEAを取り入れており、また、1987年にオランダで、1990年にカナダで、1990年代にはヨーロッパ諸国

で導入されている。こうした状況から、日本の環境影響評価制度としては、次の課題はSEA制度の具体化であるといえる（「平成17年版環境白書」）。

第9章
地球環境保全と日本の対応

9-1　1970年代後半から90年代における社会経済の動向

　1970年代後半まで高度経済成長が続いたが、1973年の第一次石油危機、1978〜1979年の第二次石油危機により、石油価格が高騰し、安価な石油価格を前提としていた日本の経済状況を一変させた。1974年度には戦後初の経済のマイナス成長を経験し、1973〜1974年度の2年続きで物価は2桁上昇を記録し、経常収支も赤字となった。1975年度には景気は回復して成長率は3.6%のプラスに転じ、76年度には5%台となり、その後しばらくの間は5%程度の成長率を維持しつつ推移した。1978年度には物価上昇率が3%台に沈静化し、経常収支も黒字に転換した。石油危機等の経過を経て、日本経済は高度経済成長期から安定成長期に転換した。製造業を中心として、エネルギー・資源・工業用水使用の節約、従業員の削減・配置転換策が進んだ。また、高度成長期頃まで続いた欧米等の技術導入とキャッチアップ型を終えて新たなあり方へと転換することとなった。1980年代前半に景気の後退期があった後、1980年代後半から90年にかけて5%程度の経済成長が続き、90年代に入ると経済成長は数%にとどまり、また1993年度、1998年度、2001年度にはマイナス成長となった。GDPは1975年度に約148兆円、1980年度に約240兆円、1990年に約450兆円、2000年度に約513兆円であった（「環境庁十年史」、「環境庁二十年史」、各年版日本統計総覧）。

　国際化、情報化が進み、大都市圏への機能集中、特に東京圏への集中が顕著

に進んだ。高度経済成長期の「重・厚・長・大」の基礎資材型から、「軽・薄・短・小」の加工組立型に産業構造が変化し、サービス化、情報化、国際化等が進み、コンピュータ技術等の技術革新が進んだ。

1980年代の後半に、東西ドイツの統一、旧・ソビエトの崩壊、東西冷戦の終局などを経て、自由市場が世界的に拡大した。1987年頃から景気の拡大期に入り国内的には内需拡大、海外的には海外投資拡大が見られた。大衆車から大型車・上級車種へ、小型テレビから大型テレビ（22インチ以上）へ、小型冷蔵庫から200～300ℓ以上の大型冷蔵庫への買い換え、乗用車、テレビなどを一つの家庭に2台以上備える複数購入が進んだ。週休2日制が社会に広く定着するようになり、レジャーブームが起こってリゾート開発が進んだ。1970年代の中頃の一時期に多くのゴルフ場が新設された後、景気の後退期には新設が急減していたが、1987年に「総合保養地整備法」（別称「リゾート法」）が制定され、各道府県ではこぞってリゾート構想を策定し、構想において施設整備を促進する地域である重点整備地区は、1990年度末の段階で225か所、60.9万ha、ゴルフ場建設は再びブームを迎えることとなり、約190か所が構想に盛り込まれることとなった。(「環境庁二十年史」)

高度経済成長期から安定成長期への移行を経て、経済構造や国民生活に大きな変化があったが一次エネルギー供給量について見ると、1975年度に1万5,330ペタジュール／年（原油換算395百万kℓ／年、1人当たり3.53 kℓ／年、0.0258×10^{-3} kℓ／百万ジュールで換算）、1990年度に2万357ペタジュール／年（525百万kℓ／年、1人当たり4.24 kℓ／年）、2000年度に2万3,385ペタジュール／年（603百万kℓ／年、1人当たり4.75 kℓ／年）に増加した。ごみ排出量は1975年度に42,165千t／年、1990年度に50,443千t／年、2000年度に52,362千t／年に増加し、産業廃棄物は1975年度に236,442千t／年、1990年度に394,736千t／年、2000年度に406,037t／年であった。総水資源利用量は1975～2001年の間850～894億m³程度で推移しており、工業用水量は166億m³から129億m³に減少したが、生活用水量は114億m³から165億m³に増加した。(「平成13年版総合エネルギー統計」、「平成17年版環境統計集」、「平成16年版日本の水資源」)

9-2 「人間環境宣言」、「ナイロビ宣言」および「リオ宣言・持続可能な開発」

　1972年にスウェーデン、ストックホルムで開催された国連人間環境会議の宣言「人間環境宣言」は、国際社会が環境を題目として協議・採択した最初の宣言であり、その後の国連の取組を初め国際的な環境への取組の契機となった。環境の汚染、生物圏・生態系への影響、自然の破壊・枯渇、開発途上国の環境問題、人口増加などを取り上げ、「歴史的な転換点」にあるとの認識のもとに、人類社会と環境との関係について、人間の力を賢明に用いるべきとの考え方を宣言した。人間環境を守り改善することは、人類にとっての至上の目標である平和、世界的な経済・社会的発展とともに追求されるべきとの位置づけを明記した。地球環境問題との関連でみる場合には、この会議を期に地球に対する有限性の認識から「宇宙船地球号」の概念が取り上げられるようになったことを指摘することができる。しかし、必ずしも全参加国・機関が一致した認識を共有したという訳ではなく、地域的・局地的な環境問題を念頭に置いた捉え方、貧困に大きな関心を置いた開発途上国からの捉え方があり、一方では地球的な規模で環境問題を捉える考え方があった。人間環境宣言は今日の地球環境問題への大方の見方に比べて限定的な認識や言及にとどまった。(「地球環境条約集第4版」)

　人間環境会議の開催に先立って、1970年に「ローマクラブ」が誕生していた。民間組織として設立されたこのクラブ（スイス法人）は、世界の科学者、教育者、経営者により構成された。このクラブがマサチューセッツ工科大学のメドウズ教授等に依頼して研究したレポートである「成長の限界」が1972年に発表された。報告書は人口増加、環境汚染、食料生産、自然利用について、配慮を欠いた増加・開発等が続けば、100年以内に地球上の成長が限界に達すること、将来の長期にわたる持続可能な生態学的、経済学的安定性を確保することは可能で、そのためには早急に地球上のすべての人に物質的な必要を満たし、人間的な能力を実現する平等な機会を持つように設計することであるとした。この報告書の著者等は1992年に「限界を超えて」を公表して、物質・エネルギーのフローを大幅に削減しなければ、食料生産量、エネルギー消費量、工業生産

量が何十年か後には制御できない減少に直面すること、それを回避するために物質の消費・人口増加の抑制、減量使用効率の早急、かつ大幅な改善が必要とした。(「成長の限界」、「限界を超えて」)

　1980年にアメリカ政府が「西暦2000年の地球」を発表した。この報告書は、基本的な第一段階の予測(政策、人口、気候、科学技術、GNP)、資源の予測(食料・農業、漁業、林業、水資源、エネルギーデータ、燃料鉱物、非燃料鉱物)、及びそれぞれの予測項目と環境影響を予測した。日本語訳で900ページ以上に及ぶ報告書は結論として「地球規模での環境問題が重大な問題である。陸上、大気圏、水圏を問わず、ことは随所で明白となってきている」(「西暦2000年の地球・環境編」)とした。陸上における砂漠化、森林破壊、種の消滅など、大気圏における地球温暖化、オゾン層の破壊、水圏における淡水汚染、沿岸の海水や動植物の棲息地の変化などを指摘した。(「西暦2000年の地球・人口・資源・食糧編」、「西暦2000年の地球・環境編」)

　1982年に、人間環境会議から10周年を記念してケニア・ナイロビで国連環境計画(人間環境会議を期に設置された国連機関。United Nations Environmental Program、略称UNEP、本部はケニア・ナイロビ)の特別会合が開催された。この会合の宣言であるナイロビ宣言(国連環境計画管理理事会特別会合における宣言)は地球環境問題について新たな認識を示した。同宣言は、1972年の人間環境宣言が国際社会や各国の取組に大きな影響を与えて環境に関する基本的な行動指針として有効であるとし、そのうえで「主として環境保全の長期的な価値についての洞察と理解が不十分……環境保全の方法と努力に関する調整が適切でなかった……環境保全のための行動計画は部分的に実施されただけ……結果は満足できるものではない」と指摘した。そして、森林の減少、土壌・水質の悪化、砂漠化、劣悪な環境条件に伴う疾病、オゾン層の変化、二酸化炭素濃度の上昇、酸性雨、海洋・内水の汚染、有害物質の不注意な使用・処分、動植物種の絶滅などが一層深刻な脅威となってきていることを指摘した。

　この1982年のナイロビ会合の後、1984年に国連により「開発と環境に関する世界委員会」が設置された。1987年に同委員会の報告書である「Our Common Future (我ら共有の未来)」が発表された。この報告書は米政府の「西

暦 2000 年の地球」と同様に、広く地球環境問題について記述したうえで、これからの人類社会と地球環境との関係のあり方について「持続可能な開発」という概念を提唱した。報告書によれば、「持続可能な開発とは、将来の世代の欲求を満たしつつ、現在の世代の欲求も満足させるような開発……一つには、何にも増して優先されるべき世界の貧しい人々にとって不可欠な必要物であり、もう一つは、技術・社会的組織のあり方によって規定される、現在及び将来の世代の欲求を満たせるだけの環境の能力の限界についての概念である」であるが、貧困に対処するための開発の必要性と地球の有限性の認識のもとに、将来世代の欲求を損なうことなく現在世代の欲求を満足させるような開発と読み取ることができると考える。1992 年に国連が開催した「開発と環境に関する国連会議」は、この「持続可能な開発」を基調とする「リオデジャネイロ宣言」を採択した。

9－3　1980～90 年代の日本の各界の動きと環境基本法

　1980 年代頃以降のこうした国際的な動向が日本に影響を与えた。1980 年に環境庁（当時）長官の諮問機関として「地球的規模の環境問題に関する懇談会」が設置され、同年 12 月には報告書が提出された。同報告書は、増加を続ける人口に対して必要な資源を確保することが困難な課題であること、地球的規模で環境が悪化する可能性が高く対策を講ずる必要があること、地球環境問題を工業文明のあり方と開発途上国の人口問題に関係する問題として認識し世界的な努力を要すること、日本がアジアの先進工業国として積極的に取り組む必要があること、政府は科学的な調査研究を推進するとともに国際協力を強化すること、などを指摘した（「地球的規模の環境問題に対する取組の基本的方向について」）。同委員会は 1988 年に第 4 回目の報告書を公表し、基本的考え方として地球環境保全のために積極的に対応すること、経済大国として日本に責任があること、経済力・科学技術の潜在能力を生かし持続可能な開発に貢献する必要があることを指摘した。また、重点分野として、地球環境問題に関する科学的知見の強化、地球環境保全のための啓発・教育・訓練、地球環境保全のための事

業の推進、地球環境保全を推進するための体制整備・援助の拡大の4点を指摘した(「地球環境問題への我が国の取組」)。

1981年環境白書は小さな扱いではあるが「地球的規模の環境問題への取組」について記述し、初めて国の環境年次報告に地球環境問題が取り上げられた。1982年環境白書では人口増加と食料・エネルギー資源等についての記述がなされ、さらには森林の減少、砂漠の拡大、土壌の流出、動植物種の絶滅・生態系の変化、海洋・内陸水の汚染などが言及された。1983年環境白書は地球温暖化に関係する二酸化炭素濃度の変化、オゾン層破壊に関係する成層圏オゾン層の変化を記述した。1988年環境白書においては「地球環境問題の保全に向けての我が国の貢献」との副題を付して、同白書における主題として位置づける取扱いをするに至り、地球環境問題はその後の白書において大きく取り扱われるようになった。(各年版環境白書)

1989年には日本政府と国連環境計画(UNEP、本部はケニア・ナイロビ)の共催による「地球環境問題に関する東京会議」が開催され、その議長総括において、地球の温暖化と気候変動、熱帯林の破壊、開発途上国の環境汚染問題などに注目し、地球規模のモニタリングとその結果のレビュー等による科学的な知見の収集、それに平行した適切な対策の早急な採用等について提言した(外務省資料)。

1991年には「経団連地球環境憲章」が公表された。同憲章は地球的規模の環境問題、中でも地球温暖化への対処が国民生活・経済活動のあらゆる面に関わる問題であること、一国のみでは解決が困難な課題であること、豊かさの追求を見直す必要があること、世界的規模で持続的に発展する社会を構築し次世代に引継ぐ必要があることなどの認識を示したうえで、企業の存在が全地球的規模の環境保全が達成される未来社会実現につながるべきこと、環境保全を図りながら自由で活力ある企業活動が展開される社会を目指すこと、「良き企業市民」を旨として取り組むことなどの基本理念を表明した(経団連資料)。

地球環境保全に関する国民世論は、1990年、1998年、2001年の調査では「地球環境問題に関心がある」とした人の割合はいずれも約80%であった。地球温暖化に関する関心については、1990年の調査では「地球温暖化が心配である」と

した人の割合は83.6%、1997年の調査では82.6%であった。1998年、2001年の調査で「地球温暖化をよく知っている」とした人の割合は約85%であった。(安部)

　1992年には環境と開発に関する国連会議の宣言である「リオデジャネイロ宣言」において、国際社会は地球規模の環境問題に対処する基本的な考え方として「持続可能な開発」を目指すことを宣言した。日本は内外の地球環境保全に向けた関心の高まりを受けて、1993年に環境基本法を制定し、その基本理念において、環境の恵沢の享受と継承、持続的発展が可能な社会の構築等とともに、国際的協調による地球環境保全の積極的推進を謳った。地球環境保全の基本的な考え方と必要性については、地球環境保全が人類共通の課題であること、日本の国民にとっても重要な課題であること、日本の経済社会が国際社会との相互依存関係にあることとの認識のもとに、国際協調の下で日本の能力と国際的に占める地位に相応した地球環境保全を積極的に推進するべきこととした（環境基本法第5条）。また、国に対して具体的に、地球環境保全に必要な国際協力の推進措置、開発途上にある国・地域に対する環境協力、南極・世界遺産のように国際的に価値が認められている地域の環境の保全、そうした協力に必要な専門家の育成、必要な情報の収集・整理・分析などを行うべきことを規定している（同法第33条）。

9−4　オゾン層保護への取組

　1974年にアメリカの2人の学者により、人工の化学物質であるフロンにより、大気上層のオゾン層のオゾンの破壊の可能性が示唆された後、1980年代には実際にオゾン層オゾンの減少が起こっていることが観察されるようになった。国連環境計画（UNEP）において対応が検討され、1985年3月には「オゾン層保護のためのウイーン条約」が採択され、1988年9月に発効した。またこの条約に基づき1987年9月に「モントリオール議定書（オゾン層を破壊する物質に関するモントリオール議定書）」が採択され、具体的な規制措置等を定めて1989年1月に発効した。当初の議定書の発効の後に、代替フロン、その他の物質の

オゾン層の破壊効果が認められたために、議定書に基づく規制は1997年までに4度にわたり改正された。この議定書によりオゾン層の破壊効果を持つと考えられている物質の全廃等の規制措置がとられている。

ウイーン条約とモントリオール議定書は、日本について、それぞれ1988年12月、1989年1月に発効した。日本はこの条約の内容を国内において対応、実施するために1988年に「特定物質の規制等によるオゾン層の保護に関する法律（オゾン層保護法）」を制定した。この法律により、オゾン層を破壊する物質を「特定物質」として指定し、特定物質の製造、輸出、輸入について許可制などの規制措置がとられることとなった。

また、市中で使用されている冷蔵庫、エアコンなどの冷媒として充填されて使われているフロン等が存在するため、2001年に「特定製品に係るフロン類の回収及び破壊の実施の確保等に関する法律」（以下「フロン回収破壊法」）が議員立法により制定された。この法律では業務用冷凍空調機器（フロン類が使用されている業務用のエアコン、冷蔵・冷凍機器）について2002年から、カーエアコンについて政令で決める日（2005年1月）から、フロン類の回収と破壊が義務づけられた。このうちカーエアコンについては、2005年1月に施行された自動車リサイクル法（使用済自動車の再資源化に関する法律）の施行に伴い、フロン回収破壊法に代わり、フロン回収の措置について同法に移行されている。なお、1998年に制定された家電リサイクル法（特定家庭用機器再商品化法）により冷蔵庫、エアコンのフロンの回収が実施される措置がとられてきた。

9-5　地球温暖化防止への対応

1985年に地球の温暖化防止対策についてオーストリア・フィラハに科学者が集まって科学的な評価が行われた。1988年には政府間でこの問題を討議する場としてのIPCC（Intergovernmental Panel for Climate Change）が設けられ第1回会議がジュネーブで開催された。1989年3月にオランダ・ハーグで開催された環境首脳会議はその宣言の中で「IPCCの作業を考慮に入れつつ新しい制度的権限を創設し、大気保全及び気候変化、特に地球温暖化に対処する

ため……必要な枠組みの条約その他の法的手段を発展させるよう慫慂すること」とした。次いで同年11月にオランダ・ノルドベイクで開かれた関係閣僚会議の宣言（ノルドベイク宣言）は「交渉に参加し又は関与することとなる全ての主体に対して、可能ならば早ければ1991年中に、また、遅くとも1992年の『環境と開発に関する国連会議』において条約が採択されるよう、最大限の努力を払うよう勧奨する」とした。1990年8月にとりまとめられたIPCCによる地球温暖化に関する科学的評価結果をもとに、1991年2月から5回にわたる政府間の条約交渉会議を経て、1992年5月に気候変動枠組条約が採択された。条約は同年6月に開かれた地球サミットにおいて各国に署名のために開放され、サミット期間中に155か国が署名し、その後1994年3月に発効した。

1995年にベルリンで開催された第1回締約国会議は、1997年に開く第3回締約国会議において、先進国の温室効果ガスの排出量の数値目標を設定すること、先進国がとるべき政策、措置を規定する等の地球温暖化防止のための国際的取組について定める議定書（または法的文書）を採択することとした。この決定は開催地にちなんで「ベルリンマンデート」と呼ばれた。1997年12月に気候変動枠組条約の第3回締約国会議が開催され「気候変動枠組条約京都議定書」が採択された。京都議定書は、温室効果ガスの削減目標を先進国に対して2008年から2012年までの期間に温室効果ガスの総排出量を1990年のレベルから少なくとも5％削減することを確保するとした。具体的な削減について国別に差異化して8％削減から10％増加までとすることとした。日本についての削減率は6％とされた。

2001年にモロッコのマラケシュで開かれた第7回締約国会議（COP7）で京都議定書の運用細目に関する「マラケシュ合意」が得られ、発効に向けて前進が見られた。ところが、このマラケシュ合意の前年の2000年にアメリカが2000年の大統領選挙による政権交代の後に京都議定書から離脱することを宣言していた。京都議定書は先進国等の「1990年の二酸化炭素排出量の合計の少なくとも55％を占める……締約国を含み、55ヵ国以上の条約国が締結した日」から90日後の発効することとなっている（議定書第25条1）。アメリカの離脱は京都議定書発効に必要な要件が満たされない状態を引き起こすこととなった。

しかし、2004年11月にロシアが同議定書に署名・寄託したことによって、議定書発行要件が満たされることとなり、2005年2月に発効した。

地球温暖化に関する日本の対応についてであるが、日本政府は1990年に「地球温暖化防止行動計画」を定めた。この計画は、日本が経済力、技術力を生かして国際的地位に応じて開発途上国への支援を含む役割を果たすべきであるとの基本的な考え方を示したうえで、1人当たり二酸化炭素排出量について2000年以降概ね1990年レベルでの安定化を図ること、革新的な技術開発等が現在の予測よりも早期に大幅に進展することにより二酸化炭素排出量が2000年以降概ね1990年レベルで安定化するよう努めること、を目標として掲げていた。この行動計画は気候変動枠組条約の採択（1992年5月）の2年前に決定されていたものであった。

1997年には日本は京都議定書において温室効果ガスの6％削減を約束したことを具体化するために、1998年6月に内閣総理大臣を本部長とする地球温暖化対策推進本部において「地球温暖化対策推進大綱」を決定した。この時点では京都議定書の発効の見通しが立たない状態であったが「6％削減に向けた方針」を決定していた。2001年11月のマラケシュ合意を受けて、2002年3月に新しい「地球温暖化防止大綱」が策定された。大綱は基本的な考え方として、①環境と経済との両立、②ステップバイステップのアプローチ（2004年、2007年に対策の進捗状況評価・見直し）、③各界各層が一体となった取組の推進、④地球温暖化対策の国際的連携の確保を掲げている。そのうえで温室効果ガス削減等の対策について例示をした。

京都議定書を踏まえた温室効果ガスの削減を進めることを目的として、1998年10月に「地球温暖化対策の推進に関する法律」（以下、「温暖化対策推進法」）が制定され、2002年5月に京都議定書の発効を見通して改正された。法律は国に対して温室効果ガスの排出量の算定と公表、京都議定書目標達成計画の策定、2004年と2007年に目標達成計画の目標の評価と必要な計画の変更、地球温暖化対策推進本部の設置等を義務づけている。また、温室効果ガスの排出抑制施策の実施、森林整備等による温室効果ガスの吸収源対策の推進、いわゆる京都メカニズムの活用の国内制度のあり方の検討を行うことを規定している。地方

公共団体に対して温室効果ガスの抑制のための計画の作成、実施等を行う努力を求めており、都道府県、市町村に実行計画策定を義務づけている。事業者に対しては、温室効果ガスの抑制等についての計画の作成、実施状況の公表等について、義務づけてはいないが努力を求めている。

日本の二酸化炭素等の排出量の基準年（1990年）排出量は1,233.1百万t／年である。1990年以降の二酸化炭素排出量は増加傾向を示しており、2000年度の排出量は1,332百万t／年、1990年度に比べて排出量で8.0％増加している。（環境省）

表9-1　日本の各温室効果ガスの排出量の推移

温室効果ガス	GWP	基準年	1990	1995	1996	1997	1998	1999	2000
二酸化炭素（CO_2）	1	1,119.3	1,119.3	1,208.0	1,219.4	1,219.2	1,191.7	1,232.9	1,237.1
メタン（CH_4）	21	26.7	26.7	25.3	24.6	23.7	23.0	22.6	22.0
一酸化二窒素（N_2O）	310	38.8	38.8	39.6	40.5	41.0	39.7	34.0	36.9
HFC（HFC－134a＝GWP・1,300 など）		20.0	－	20.0	19.6	19.6	19.0	19.5	18.3
PFC（PFC－14＝GWP・6,500 など）		11.5	－	11.5	11.3	14.0	12.4	11.1	11.5
6ふっ化硫黄（SF_6）	23,900	16.7	－	16.7	17.2	14.4	12.8	8.4	5.7
計		1,233.1	1,184.9	1,321.2	1,332.7	1,332.2	1,298.5	1,328.3	1,331.6

出典：環境省「報道発表資料・2000年度の温室効果ガス排出量等について」（平成14年7月19日）
注1：単位は百万t／年
　2：各ガスにGWP（＝地球温暖化係数・IPCC1995年報告書による）を乗じたもの
　3：HFC＝ハイドロフルオロカーボン類
　4：PFC＝パーフルオロカーボン類

2005年2月に京都議定書が発効したことから、同議定書の日本の削減義務である1990年比6％削減を、2008〜2012年の期間に達成することが必要となる。2005年4月に温暖化対策推進法に基づく「京都議定書目標達成計画」が閣議決定された。同計画は、日本の目指す方向として、「我が国は、京都議定書の6％削減約束を確実に達成する。加えて、更なる長期的・継続的な排出削減を目指

す。21世紀が『環境の世紀』とされ、地球温暖化問題への対処が人類共通の重要課題となる中、我が国は、他国のモデルとなる世界に冠たる環境先進国家として、地球温暖化問題において世界をリードする役割を果たしていく」(「京都議定書目標達成計画」)とした。具体的な温室効果ガスの排出抑制策について、1990年度比で温室効果ガスについて−0.5%、森林吸収源による−3.9%、京都メカニズムによる削減−1.6%、合計−6.0%としている。(環境省)

第10章
日本の環境分野における国際的な協力

10－1　日本による技術協力の始まり

　1949年にアメリカ・トルーマン大統領（当時）が開発途上国への技術援助が必要であること、そのために国連を通じて先進国が共同して対処することを提唱し、国連総会において審議されて加盟国の自発的拠出金による技術援助計画が発足した。この計画に対して1952年度に日本は8万ドルを供出し、「わが国が技術協力に参画した最初のもの」（「国際協力事業団25年史」）とされる。1950年にスリ・ランカ国（当時はセイロン国）の首都コロンボで開催された英連邦外相会議の結果として、1951年にアジアにおける食糧増産の技術援助等を通じて、アジア諸国の支援を進める国際協力機構として「コロンボプラン」が発足した。1954年に日本はこのプランに加盟したが、このことは「政府ベースの技術協力を本格的に開始……域内諸国の自助努力を補うことを前提とし……多くの人々が貧困と飢餓に苦しむコロンボプラン域内諸国の経済的発展に貢献する役割を担う……国際社会の一員として名誉ある地位を占めたいと願うわが国にとって画期的なできごとであった」（同）と記述されているように、その後に日本が技術協力を拡大していく第一歩となるできごとであった。コロンボプランはやがて1957年度に中近東アフリカ、1958年度に中南米、1960年度に北東アジア地域を対象とするようになった。

　コロンボプラン加盟を契機として日本は途上国への専門家の派遣、途上国の研修員の受入、途上国における開発事業等に対する調査を行って支援する開発

調査など行うようになった。また、1958年度にインドに対して、同国の第二次五か年計画に必要な電力、船舶、プラント設備などに50万ドルの円借款を行い、これを最初の事例としてその後円借款を拡大してきた（「2004年版政府開発援助白書」。政府開発援助は英語で「Official Development Assistance」、以下「ODA」）。しかし、環境分野における国際的な協力についてはそれから約10年を経て、1967年の人間環境会議などを経て本格化するようになった。

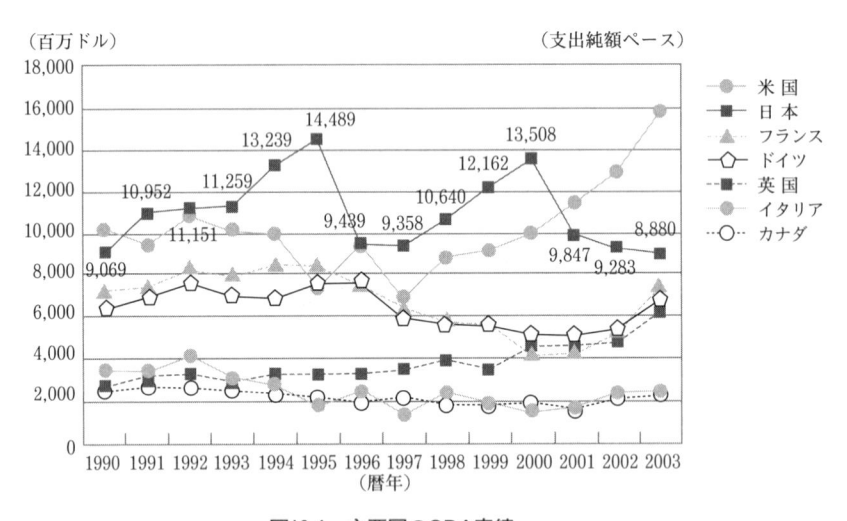

図10-1　主要国のODA実績

出典：「2004年版政府開発援助白書」
注：(1) 東欧向け及び卒業国向け援助は含まない。
　　(2) 1991年及び1992年の米国の実績値は、軍事債務救済を除く。
　　(3) 2003年については、日本以外は暫定値を使用。

10－2　環境分野の国際協力の経緯

環境分野の国際協力について、日本の実施機関は外務省、環境省、（独）国際協力機構（JICA）、国際協力銀行（JBIC）等である。開発途上国に向けて実施される協力については、無償資金協力を外務省が、専門家派遣、開発調査、プロジェクト方式技術協力、日本における研修等の技術協力支援についてJICAが、また、有償資金協力についてJBICがそれぞれ実施している。

JICA、環境省が行う技術協力、JBIC が行う円借款の他に、開発途上国の人材を育成する研修等を行う組織・機関として、1990年には通産省（当時）、三重県、四日市市の主導によって、三重県四日市市に財団法人として「国際環境技術移転研究センター」が設立され、活動を行っている。1992年に UNEP（国連環境計画）の「UNEP 国際環境技術センター」（大阪市、滋賀県）が、開発途上国等への環境保全のための技術移転を目的として設立され、大都市環境問題、淡水・湖沼集水域の環境管理の分野で活動している。1998年に、アジア太平洋地域の持続可能な開発の実現を目指す研究機関として、政府の主導のもとに、神奈川県に財団法人として「地球環境戦略研究機関」（通称 IGES、神奈川県）が設立された。2001年には IGES の関西における活動の拠点となる「関西研究センター」（神戸市）が開設された。1999年にアジア太平洋地域の地球変動研究を推進して、科学研究と政策の連携を促進する政府間のネットワーク組織として事務局を日本の環境省に置く「アジア太平洋地域地球変動研究ネットワーク」（通称 APN、神戸市）が設立され、活動している。財団法人として活動する「北九州国際技術協力協会」（通称 KITA、北九州市）は、1980年に設立された「北九州国際研修協会」を全身とし、工業技術を開発途上国に移転することを目的とするが、1987年から環境分野についても活動を行っている。
　環境分野の国際協力について、これまでの主な経緯は以下のとおりである。1969年に人間環境会議の開催に備えた準備委員会の設置が決まり、日本は27か国のメンバーともに同委員会構成国となった。準備委員会では人間環境宣言、海洋汚染防止の条約、その他の本会議に向けた準備がなされた。人間環境宣言に環境教育、核兵器実験禁止を盛り込むこととなったことについては、日本の提案によるものであった。1972年の人間環境会議においては、人間環境宣言と行動計画を採択し、国連機関として「環境計画管理理事会」を設けること、理事会を補佐する環境事務局を設けることが合意された。同年の国連総会で国連環境計画（United Nations Environmental Program、略して UNEP、本部はケニア・ナイロビ）が設置されたが、日本は58の理事国の一つとして活動し、また環境基金に拠出するなどにおいて役割を果たしてきた。（「環境庁十年史」、「環境庁二十年史」）

1982年には人間環境会議10周年を記念してUNEP管理理事会特別会合が開催され、国家元首、環境担当相などが出席し、「ナイロビ宣言」が採択された。この会合後、1983年の国連総会で「特別委員会」の設立が決議され、1984年に「環境と開発に関する世界委員会」として発足し、1987年にその報告書「Our Common Future（我ら共通の未来）」が国連に報告された。その中で「持続可能な開発」の概念が提示され、その後の国際社会に広く認められる人類社会と地球環境の基本的なあり方とされた。1989年には日本政府とUNEPとの共催で「地球環境保全に関する東京会議」が開催され、「議長サマリー」がとりまとめられた。地球の温暖化、熱帯林破壊、開発途上国環境汚染問題などについて、地球規模のモニタリング、科学的な知見の収集、適切な対策採用等について提言した（外務省資料）。

　1964年に日本はOECD（経済開発協力機構、本部はパリ、2004年現在の加盟国30）に加盟した。1970年にOECDに環境委員会が設置された。1972年には「環境政策の国際経済的側面に関する指導原則」を採択したが、これは汚染者負担の原則（Polluter Pays Principle、P.P.P.原則）の考え方のもとに、環境保全のための施策が国際貿易上の支障の原因とならないようにすることを目指すものであった（OECD資料）。また、OECD環境委員会は加盟国の環境政策レビューを実施している。1973年のスウェーデンに続いて、1976年に日本について実施された。環境政策レビューは、取り上げる国における環境政策と背景を分析し、加盟国とOECD諸国への教訓を導き出すことにある。日本を取り上げたことについては、OECDが日本の環境政策に注目したことによるとされている（「環境庁十年史」）。1977年に公表された日本の環境政策のレビューの結果から、日本が環境汚染を克服したことが評価されたが、一方で、環境の質の向上（環境の快適さ、アメニティ）について不十分と指摘された。このOECDレビューについて、日本はさらに後の評価を受け、報告書が公表されている。（「OECDレポート1991」、「OECDレポート2002」）

　先進国首脳会議においては、1981年のカナダ・オタワでのサミット（先進国首脳会議）において経済宣言の中に環境問題が触れられたが、1987年のサミットでは地球環境問題が言及され、1988年サミットでは「環境と開発に関する世

界委員会」の報告における「持続可能な開発」に対する支持表明がなされた。1989年のサミットでは環境問題が主要議題となり、経済宣言において大きなウエイトを持って取り上げられた。日本はこの席で「環境援助政策」を公表した。これは日本がこうした環境ODA政策について言及した最初のもので、環境援助の拡充強化、熱帯林を主とした森林保全・研究協力、開発途上国環境対処能力向上等を充実するとした。1991年のサミットでは、1989年の政策を拡充強化するとする「新環境ODA政策」を公表したが、援助にあたって相手国の経済発展段階に応じて各種援助を機能的、効果的に組み合わせて行うこと、援助にあたって環境配慮を強化するなどとした。(「環境庁二十年史」、「第2次環境分野別援助研究会報告書」)

　1992年の環境と開発に関する国連会議においては、新たな基金を設けるべきとする開発途上国側と、その必要はないとする先進国側において駆け引きが行われた。最終的に、基金は設けられなかったが日本は1992年度からの5年間に環境分野の政府開発援助を9,000億円〜1兆円を目標に拡大をすることを表明した。この約束は実際に果たされ、その後の5年間で約1兆4,400億円が投じられた。

　同年の1992年6月に日本政府は「政府開発援助大綱」を閣議決定した。同大綱は、開発途上国の安定と発展が世界全体の平和と繁栄に不可欠との認識とともに、環境の保全が先進国、途上国が共同で取組むべき人類的課題であるとの認識を示し、政府開発援助の基本原則として、国連憲章の原則(主権、平等、内政不干渉)とともに、軍事・国際紛争助長への使用の回避、途上国側の軍事支出動向への注意、民主化・基本的人権・自由の保障状況等への注意など、そして環境と開発を両立させるように実施するとした。重点事項の一つとして、環境問題、人口問題等の地球的規模の問題に対処する開発途上国の努力を支援すること、そのために環境の保全と経済的な成長の両立に成果を上げてきている日本の技術、ノウハウ等を活用するとの考え方を示した。(「政府開発援助大綱・1992年6月」)

　1993年制定の環境基本法では日本の環境政策の基本理念として、地球環境保全が国際的な協調のもとに積極的に推進されなければならない(同法第6条)

とした。そのうえで、開発途上地域の環境の保全等に対する支援を行うこと、人材の育成、情報の収集・整理・分析を行うこと、地球環境保全・開発途上地域の環境保全に必要な環境監視・調査研究を行うこと、国際協力について地方自治体や民間団体等による活動を促進するようにすること、国際協力にあたって開発途上地域の環境の保全に配慮すること、などとした（同法第32～35条）。

1997年6月に時の総理大臣が「国連環境開発特別会合」で演説し、将来世代に対する責任、人類の安全保障という2つの観点を強調し、政府開発援助について「21世紀に向けた環境開発支援構想（ISD構想：Initiatives for Sustainable Development for 21th Century）」を推進することを宣言した。この構想は、リオサミット以降の努力にもかかわらず地球環境が多くの問題を抱えていること、持続可能な開発のために真剣で具体的な取組が必要との認識を示したうえで、同年12月に京都で開催されることが予定されていた「気候変動枠組条約第3回締約国会議」に向けて、地球温暖化防止対策のための技術開発、植林と森林保全、途上国への協力等を進めるとする「グリーンイニシアティブ」を提唱し、5項目の行動計画を表明した。それらは、「環境センター」（JICAによる技術協力プロジェクト、「10-3」参照）を活用することや東アジア酸性雨モニタリングなどを含む大気汚染・水質汚濁対策、開発途上国への省エネルギー・新エネルギー技術移転等を含む地球温暖化問題への行動、水汚染に起因する健康や生活環境への悪影響などの水問題の防止、森林問題・生物多様性保全等の自然環境保全、世界の環境意識高揚に向けた環境教育であった。12月には、ISD構想に基づく「京都イニシアティブ」を発表し、1998年度から5年間で3,000人の温暖化対策分野の人材を育成する「人づくり」への協力を行うこと、温暖化対策を目的とする省エネルギー、森林保全等の分野の円借款に最優遇条件を適用すること（金利0.75%、償還期間40年）、日本の技術・ノウハウを活用して途上国の実情に適合した技術の開発・移転を行うことなどを表明した。（環境省、外務省資料）

2000年8月に日本政府は「持続可能な開発のための環境保全イニシアティブ（EcoISD）」を発表した。EcoISDはその基本理念について、人間の安全保障、自助努力と連帯、環境と開発の両立を掲げ、環境対処能力の向上、あらゆる開

発計画等における環境側面と配慮、日本による先導的な働きかけ、多様な協力形態を活用した総合的・包括的な協力、日本の経験と科学技術の活用の5項目の基本方針を示した。このEcoISDで示されている「人間の安全保障」は、1990年代後半から日本外交において導入されるようになった考え方で「人間一人ひとりの視点に立って人間の生存・生活・尊厳に対する脅威から人々を守り、一人ひとりの豊かな可能性を実現するために、人間中心の視点を重視する取組を統合し強化しようとする考え方」(「2004年版政府開発援助白書」)である。国家による安全保障の枠組を補完する必要が生じているとの認識から、「日本外交の柱として位置づけてその概念の普及と実践に努めてきた」(同)ものである。

　2003年8月に日本政府は、1992年の「政府開発援助大綱」を改定して新しい「政府開発援助大綱」を閣議決定した。改定大綱では1992年大綱からの国際情勢の変化と新たな平和構築等の課題への対応を指摘し、政府開発援助の戦略性、機動性、透明性、効率性を高め、国民参加を促進して日本の政府開発援助に対する国内・外の理解を深めるとして、基本方針として、開発途上国の自助努力支援、人間の安全保障の視点の重要性、社会的弱者・地域較差・男女共同参画等に配慮した公平性の確保、日本の経験と知見の活用、国際社会における協調と連携の5項目の基本方針を示した。そのうえで、重点課題として貧困削減、平和の構築とともに、持続的成長、地球的規模の問題への取組を取り上げ、援助の実施原則として、環境と開発の両立、軍事使用・国際紛争助長の回避、軍事支出動向等への注意、民主化・市場経済導入等を判断して実施するとし、地球温暖化を初めとする環境問題、人口、食糧、エネルギーなどの地球規模の問題への取組等において役割を果たすとした。

10－3　環境分野の技術協力及び円借款

　開発途上国への技術協力は1973年度にJICAによる「環境行政コース」によって、アジア諸国からの行政官の研修生を受け入れて始められた。研修コースはその後種類を増やし、1975年に水質保全、1984年に大気保全、1990年には自然保護管理など5コースを開設するとともに、インドネシアなど特定国・

特定テーマのもとに研修を行うコースも実施されるようになった。現在では約20程度の常設研修コースと、年によりテーマ、地域、対象国を特定して行われる約20程度の特設研修コースによって実施されている。開発途上国に環境分野の専門家を派遣する「専門家派遣」は1975年度から始まった。環境庁（当時）推薦による派遣は1981年から始められ、次第に派遣人数を増やして1990年代の半ば頃には100人程度となり、最近においても100人を超える専門家が派遣されている。これまでに派遣された専門家は国・地方自治体の職員、民間企業の専門家、大学の研究者などである。環境改善のための計画を策定するなどの「開発調査」は1984～1985年にトルコ・アンカラ市大気汚染対策調査を行ったのを最初の事例として、最近までに30件を超える調査を行って協力している。調査は相手国からの要請に基づいて、特定の環境に関する案件について、政策の立案に必要なマスタープラン、あるいは環境改善計画を作成するもので、その過程において相手国側の担当者とともに作成を進めることにより、計画・作成手法、調査・分析技術等の技術移転も併せて行うことを目的としている。これまでの事例では、総合的環境管理計画、大気汚染対策計画、水域・流域水質管理計画、自然保護計画などの事例がある。（「環境庁二十年史」、「平成14年版環境白書」）

　JICAの開発途上国支援の仕組に「技術協力プロジェクト」がある。この協力は、機材の供与、専門家派遣、研修生の受入を一つのセットにして支援し、相手国側は支援を受け入れ、また技術移転を受ける人材を特定して確保するとともに、プロジェクト受入施設、運営費などを負担するもので、複数年にわたって計画的・総合的に技術移転をするものである。

　環境分野については、環境監視等の技術移転のために、1990年からタイの「タイ国環境研究センター」に協力し、次いでインドネシア、中国、チリ、メキシコ、エジプトに対して実施されてきた。これらのプロジェクトでは、日本の専門家5名前後によるプロジェクトチームが派遣されて現地に常駐し、大気汚染・水質汚濁等の監視・測定に必要な測定機器等の機材が供与され、専門家チームからそれらの機器の測定技術が移転され、相手国の技術移転を受ける人材（カウンターパート）を日本に研修生として受け入れてきた。また、それぞれの

センターにおいて測定技術の移転を超えて、監視・測定結果の評価と環境保全対策への反映、環境情報の提供システムの構築、環境行政・環境管理に必要な技術の移転、相手国の地方・民間等の関係者への技術移転、相手国における環境分野の標準となる測定機関としての技術力の確保などの機能を持つようになってきている。これらの協力は総称して「環境センタープロジェクト」と呼ばれ、日本の特徴的な環境協力である。これによる中国に対する協力の事例では、北京に「日中友好環境保全センター」が建設・設立され、現在では数百名の中国の研究員等を擁する組織となり、環境測定技術、公害防止技術、環境情報集積・解析・処理等技術、環境法制・環境管理、人材育成等において、重要な役割を果たす機関になっている。(「環境センターアプローチ：途上国における社会的環境管理能力の形成と環境協力」)

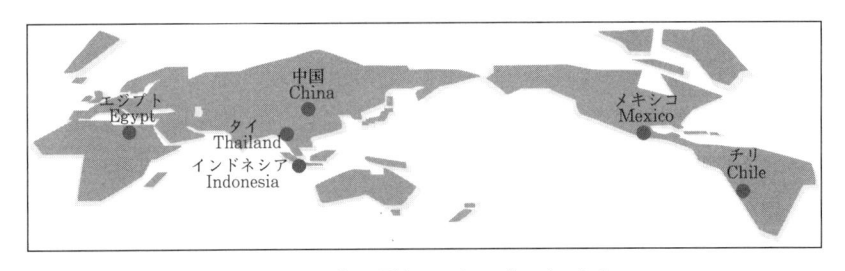

図10-2 日本の環境センタープロジェクト

注：タイ「タイ環境研究研修センター」、中国「日中友好環境保全センター」、インドネシア「インドネシア環境管理センター」・「インドネシア生物多様性情報センター」、チリ「チリ国環境センター」、メキシコ「メキシコ環境研究研修センター」、エジプト「エジプト環境モニタリング研修センター」(環境省ホームページによる)

日本は1958年度にインドに対する円借款を行ったのを初めとして経済協力を行うようになった。1965年4月から円借款業務を海外経済協力基金(OECF)が行うようになり、1999年10月からOECFと日本輸出入銀行が統合した国際協力銀行(JBIC)が円借款業務を行っている。環境分野の円借款事業について、1989年に541億円、1993年度に1,812億円、1996年には3,188億円、1999年には4,619億円に増加した(「第2次環境分野別援助研究会報告書」)。2003年度の実績では環境ODA総額、3,426億円のうち、円借款は2,866億円、83.65%

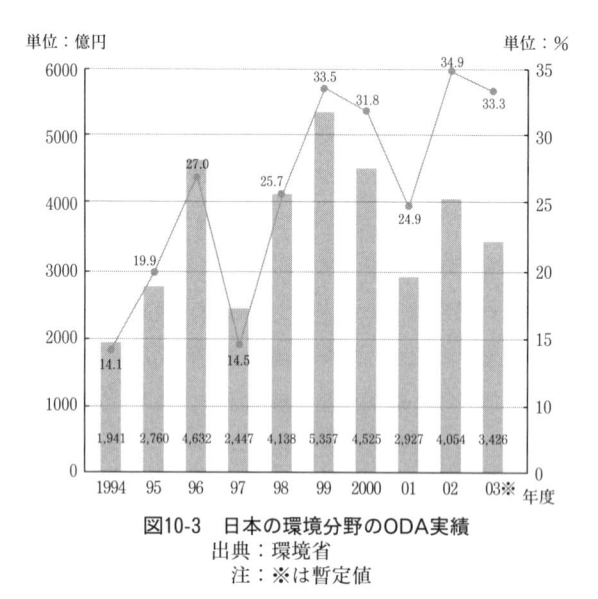

図10-3　日本の環境分野のODA実績
出典：環境省
注：※は暫定値

年度	1994	95	96	97	98	99	2000	01	02	03※
億円	1,941	2,760	4,632	2,447	4,138	5,357	4,525	2,927	4,054	3,426
%	14.1	19.9	27.0	14.5	25.7	33.5	31.8	24.9	34.9	33.3

である（環境省資料）。これらの円借款事業には、公害防止事業、ごみ処理プロジェクト、植林・植草事業、排水改善事業、下水道整備事業、火力・水力・風力・地熱発電所建設、交通網整備などが含まれている。

　環境分野のODAは1990年代に大きく伸びて近年は4,000億円／年程度、全ODAに占める割合で30％前後である。量的に見て環境分野の協力が相当な規模に達していると見ることができる。今後はこれまでの経験を生かして質の高い支援のあり方を工夫することが求められていると考えられる。環境分野の協力は、相手国の地域や人々にとって重要な基盤である環境の状況を改善し、あるいは環境が悪化することがないように、持続可能な社会を構築するように協力を行うとの基本的な認識を失わないことが求められていると考えられる。また、持続可能な社会の構築のために、個別の環境協力プロジェクトが果たす役割をよく認識することも必要である。協力に携わる日本側の人材はこのような意味をよく知っていることが望ましく、そうした意味における人材の確保と育成は重要な今後の課題である。望ましい人材像としては、相手国の環境政策・環境行政、その他の様々な現状を踏まえて、個別の技術分野の技術移転ととも

に、適切なアドバイスを行うことができることである。また、今後とも開発途上国の経済的な発展とともに協力要請案件が増加すると考えられるところから、必要性や優先度をよく考慮すること、採択した協力が相手国の環境政策・環境行政に占める位置づけを明確にして効率的・効果的なあり方を工夫することなどが必要と考えられる。さらにはこれまでの協力が主として日本と相手国の二国間の関係において実施されてきたが、今後のあり方として開発途上国同士の間で行われる協力を促し、そうした協力に対して日本が必要な支援を行うようなあり方を活用することが有効と考えられる。

10-4 途上国支援と環境配慮

開発援助と環境配慮について、1980年代には途上国の開発に対する先進国の支援に関係する環境問題が国際的に注目されるようになり、1985年にはOECD（経済開発協力機構）が開発援助プロジェクトの環境アセスメントについて「開発援助プロジェクト及びプログラムの環境影響の評価の実施を促進するとともに、ある種の援助プロジェクト及びプログラムが環境に及ぼす可能性のある悪影響を早期に防止し、軽減することに寄与するために必要な手続き、手順、組織及びリソースに関する指針を作成すること」との勧告を行い、翌年1986年には環境アセスメントの促進に必要な施策に関する勧告を行った（OECD資料）。

1989年6月に日本政府は「地球環境保全に関する施策について（閣議申合せ）」の中で、「政府開発援助の実施に際しての環境配慮を強化する。環境配慮の手続きの制定、ガイドラインの整備等を進める……その他政府資金による協力も民間企業の海外活動についても適切な環境配慮が行われるよう努める」とした。

OECF（当時）は、1989年10月に「環境配慮のためのOECFガイドライン」を策定・発表し、これにより開発途上国に環境配慮を促し、審査時にプロジェクトが及ぼす影響について審査するようになった。その後、1995年10月にはそれを改定し、ガイドラインでは借款を受け入れる途上国政府がプロジェクトの計画準備段階において配慮・準備するべき環境に関する事項を示し、また、

大規模新規事業、環境影響が生じると考えられる事業等については、OECFに対して「環境アセスメント報告書」を提出すること、提出にあたって当該国内で公開されたものであることが望ましいことなどとした。現在、JBICは2002年策定（2003年施行）のガイドラインにおいて、環境社会配慮の基本方針として、開発途上地域の持続可能な開発に寄与すること、環境配慮の確認について透明性・説明力を確保する手続きに留意すること、地域住民等の参加の重要性に留意することなどとしている。また、環境社会配慮の確認手続きとして、プロジェクトの環境影響の重大性から見た分類（スクリーニング）、分類別の環境影響評価（環境レビュー）、環境社会配慮を実行の確認（モニタリング）などを行うこと、さらに関係する情報の公開、環境レビューの結果の意思決定への反映などを行うこととしている。（国際協力銀行資料）

JICAは1990年2月に「ダム建設計画に係る環境インパクト調査に関するガイドライン」を策定し、1991年、1992年に社会経済インフラ整備、農業開発調査についてガイドラインを策定して環境配慮を行うようになった。その後、1999年までに道路、鉄道、廃棄物処理、下水道、エネルギーその他を含む20分野のガイドラインを策定して環境配慮を行ってきた。（「平成5年版環境白書各論」、「国際協力事業団25年史」）

1993年制定の環境基本法においては、「国は、国際協力の実施にあたっては、その国際協力の実施に関する地域に係る地球環境保全等について配慮するように努めなければならない」（同法第35条第1項）とした（筆者注：ここでの「地球環境保全等」は、同法第32条により「地球環境保全及び開発途上地域の環境の保全等」と定義されている）。また、事業者が海外で行う事業活動についても開発途上地域の環境の保全等に配慮できるように国が情報の提供等の措置を講ずるよう求めている（同法第35条第2項）。

1999年8月の「政府開発援助に関する中期政策」においては、「援助の実施に際しては、その環境及び地域社会に与える影響について環境配慮ガイドライン等に基づき、必要に応じ環境アセスメントを行いつつ、事前に厳しく審査する。その結果に応じ、適切な対策を講じるとともに、環境に与える影響次第では実施しないこととする。その際、開発案件が、持続可能な開発の実現にとっ

て適切なものとなるよう、必要に応じ代替案を含めて検討する」とした。（外務省資料）

　JICA は 2004 年 4 月に新しい「JICA 環境社会配慮ガイドライン」を発表した。これは環境配慮ガイドラインを導入してから 10 年以上が経過し、基本方針や遵守体制の整備の必要性、環境配慮を強化する政府方針、情報公開の動き等に対応して、見直しが必要となったことによるとしている。基本的な理念として「社会環境配慮は基本的人権の尊重と民主的統治システムの原理に基づき、幅広いステークホルダーの意味ある参加と意思決定プロセスの透明性を確保し、このための情報公開に努め、効率性を十分確保しつつ行わなければならない」としている。環境社会配慮の基本方針として、幅広い影響を配慮すること、戦略的環境アセスメントの考え方を導入し社会環境配慮を早期段階から実施すること、協力事業完了以降にフォローアップを行うこと、ステークホルダー（筆者注：関係者、関係機関、関心を寄せる人・組織など）の参加を求めること、情報を公開すること、JICA の実施体制を強化することなどを挙げている。

　JBIC 及び JICA のガイドラインにおいては、いずれも事前調査の段階でプロジェクトの環境社会影響の程度を想定して分類して対処するとしている。分類は、環境や社会への影響が重大で望ましくない影響の可能性を持つプロジェクト（カテゴリ A）、影響がカテゴリ A に比べて小さいもの（カテゴリ B）、影響が最小限かあるいはほとんどないもの（カテゴリ C）の 3 段階としている。分類に応じ環境社会配慮をプロジェクトに反映する手続きなどを定めている。JBIC の場合、適切な環境社会配慮がなされない場合には融資等を実施しないこともあり得ること、JICA の場合、環境社会配慮を意思決定に反映させること、環境社会配慮が確保できないと判断する場合には協力事業を中止すべきことを意思決定し外務省に提言することがあること、としている。なお、ガイドラインは「カテゴリ A」に係るプロジェクト特性から見た判断基準として、大規模非自発的住民移転、大規模地下揚水、大規模埋立・土地造成・開墾、大規模森林伐採としている。（JBIC、JICA ガイドラインによる）

10 − 5　条約等による国際環境協力

　条約等による野生生物種、生態系等の保護については、1948年発効の国際捕鯨取締条約にさかのぼることができる。同条約により現在では大型の母船を使うなどの商業捕鯨が世界中で禁止されている。1959年に南極条約が採択され1961年に発効している。この条約は南極地域を平和的目的のみに利用すること、南極地域における国際間の調和を継続することを確保することを目的とする条約として、生物資源の保護・保存などを規定し、日本、アメリカ合衆国など13か国が加入している。この条約の生物資源の保護、保存に関係して、1972年には「南極アザラシ保存条約」が採択され、1978年に発効し、南極条約締結国が加入している。(「地球環境条約集第4版」)

　1981年に国際食糧農業機関（FAO）・国連環境計画（UNEP）による熱帯林資源調査報告書によって熱帯林が急速に減少していることが判明した。1983年に「国際熱帯木材協定」が採択され、1986年には国際熱帯木材機関（ITTO）が横浜に設立された。ITTOは2000年までに持続可能な経営が行われる森林から生産される木材のみを貿易対象とするとする「2000年目標」を掲げたが、2000年10月にこの目標が達成されていないことを認めて改めて同じ主旨の「目標2000」の達成に向けて努力するとの宣言を行った。1992年に開催された「環境と開発に関する国連会議」（UNCED）においては「森林原則声明」が採択されたが、これについては、UNCEDへの準備会合における調整によって合意形成に至ったものであった。1990年にナイロビで開催された初回の準備会合において、開発途上国側が法的制約力のある条約策定に反対し、先進国側には拘束力のある条約にするべきとの考えの国と、憲章的なものに合意することを目指すべきとの考えの国があった。(「環境庁二十年史」、林野庁資料)

　1972年の国連人間環境宣言は「野生生物及びその生息地は、今日、種々の有害な要因によって重大な危機にさらされ、人はこれを保護し、賢明に管理する特別な責任を負っている」とした。これを受けて1973年に「絶滅のおそれのある野生動植物の種の国際取引に関する条約」（通称「ワシントン条約」）が採択された。条約は1975年に発効したが日本がこの条約の受諾書を寄託したの

は1980年であった。これについては日本国内で野生動物を利用する業界との調整が進まなかったためであったが、条約加盟後も特定種について条約の適用を受けない「留保」を行ったために、1984年の同条約アジア地域セミナーでは日本の対応に対する非難決議がなされるなど、国際的な非難を受けることとなった。(「環境庁二十年史」、第6章「6-6」参照)

　こうした事態を重視した当時の総理大臣の閣議における発言の後、国内体制の整備が進み、また、1987年には「絶滅のおそれのある野生動植物の譲渡の規制に関する法律」が制定されてワシントン条約への国内対応が図られることとなった。同法は1992年には「絶滅のおそれのある野生動植物の種の保存に関する法律」(以下「種の保存法」)に改正・改称された。種の保存法では、国際的な野生動植物の譲渡規制等に対応する他に、日本の国土全体についての野生動植物種の保護施策を講じることとなった。国内における野生動植物の保護について「鳥獣の保護及び狩猟の適正化に関する法律」により、特定地域における保護対策等について自然公園法及び自然環境保全法により、保護措置が講じられてきたが、種の保存法はさらに広く保護を行っていこうとする考え方によるものであった。国内のトキ、ワシミミズク、ツシマヤマネコ、ベッコウトンボなど54種を「希少野生動植物種」として指定し、捕獲、譲渡を禁じるなどにより保護する措置をとっている。特定の種の保護に必要な管理地区を指定して保護すること、特定の種の保護増殖を進める事業なども実施されている。

　1971年にイラン・ラムサールでラムサール条約が採択された。陸域・水域等の多様な自然・野生生物で構成される湿地を保全することが重要との認識に基づく条約である。条約は1975年に発効し、日本は1980年に受諾書を寄託した。この条約における義務である少なくとも1か所以上の湿地を登録することについては、釧路湿原を登録することで要件を満たした。1993年には釧路において第5回の同条約締約国会議が開催された。現在、この条約に登録している日本の湿原は釧路湿原、クッチャロ湖、ウトナイ湖、霧多布湿原、厚岸湖、別寒辺牛湿原、伊豆沼・内沼、谷津干潟、佐潟、片野鴨池、琵琶湖などの33の湖沼である(2006年4月現在、環境省資料)。

　これらの他に、1992年にブラジル、リオデジャネイロで開かれた地球サミッ

ト（開発と環境に関する国際連合会議）には「生物多様性条約」（生物の多様性に関する条約）が用意され、1993年12月に発効し、日本についてその時点で発効している。この条約は締約国に対して「生物多様性国家戦略」を作成することを求めている。日本では、1995年にこの条約に対応する「生物多様性国家戦略」を閣議決定したが、5年を経て2002年にこれを全面的に見直して新戦略を決定している。また、渡鳥等の保護条約は、1972年に日本とアメリカ、1973年に日本と旧・ソ連、1974年に日本とオーストラリア、1981年には日本と中国の間でそれぞれ協定が交わされた。

　これらの例に見られるように、日本自身が自らの自然環境、生態系、生物多様性を保護・保全し、また、ワシントン条約に対応して世界的に絶滅のおそれのある動植物等の国際取引に関する約束を遵守し、国際社会において地球の自然環境保全に役割を果たす努力が行われている。日本は地理的条件に起因して、南北に亜熱帯から亜寒帯に至る長い国土と海岸線から2,000～3,000mの山岳地帯に至る高度差に、森林を初め様々な植生が分布し、3万km以上に及ぶ海岸線や内海・干潟に囲まれて、豊かな自然・生態系が見られる国である。一方では1億数千万人が住み、人口密度は高く、展開される社会経済活動はアメリカに次ぐGDPの国でもある。残念なことに過去半世紀ほどの間の社会経済活動により、2,663種の野生生物を絶滅の危機に追いやるなどの自然環境を破壊した（第6章「6-5」参照）。国際社会の一員として地球の自然や野生生物種の保全に役割を果たす必要があり、何よりも自らの自然・生態系・生物多様性の保全を図って行くことが求められている。

第11章
環境と事業活動等

11 − 1 1960年代における産業界の環境政策に対する考え方等

　公害と事業活動との関係について、第二次世界大戦後の経済復興の過程で、東京都は1959年に工場公害防止条例を制定し、また神奈川県、大阪府、福岡県などでも条例を制定した。東京都工場公害防止条例では、公害発生源の工場に公害防止措置を求めるという公害規制の考え方がとられた。環境関係の国の立法措置については、1950年代の後半に水質汚濁防止対策、地盤沈下対策、1960年代には大気汚染防止対策についていずれも規制的な対応措置がとられるようになった。しかし、1960年代の頃の経済界の環境規制等への考え方は消極的であった。経団連は1965年11月に「公害政策に関する意見」を発表した。それは、公害対策の不十分さを否定できないとしながらも、公害対策について国や地方公共団体の総合的な対策の必要性を強調し、適切な産業立地・都市計画等の公害を未然に防止する政策の不足、工場誘致における無準備・無方針、下水道等の公共投資の不足、官民の公害防止技術の研究開発遅れを指摘したうえで、国際競争に直面する産業界の負担に限度があり、公害対策を推進するにあたって産業の健全な発展と生活環境の保全との調和を図る方針のもとに慎重な配慮を要する、と指摘した。こうした考え方が反映されて国政における公害対策のための立法措置は遅れがちであった。（橋本・蔵田）

　1964年に「東駿河湾開発計画」について環境影響を考える事前調査が実施された。しかし、住民の反対を背景に、関係市長、町長がコンビナート進出反対

を声明するに及び、関係企業は立地計画を撤回した（西岡）。この開発計画は石油産業、電力等の工場の立地を予定した大規模な産業立地計画であったが、公害病の深刻な状況が国民に広く知られるようになっていたことから、立地予定地域の住民の反対運動によって中止され、産業界に大きな影響を与えた。1966年頃にようやく国政レベルで環境政策について少なくとも「基本法」を制定する必要があるとの考え方に転換し、1967年に「公害対策基本法」（同法は1993年に環境基本法に吸収されて廃止された。以下この章において「旧公害対策基本法」）が制定された。

　この旧公害対策基本法の具体化の段階においても産業界の意見は、「生活環境の保全という立場からのみ公害対策を取上げ、産業の振興が地域住民の福祉のための重要な要素である反面を無視するのは妥当でない」（1966年経団連意見）、「公害対策は……国民経済的見地からこれを総合的に推進しうる官庁、経済企画庁の所管とするべきである」（1967年経団連要望）、「国民の健康の確保と産業の健全な発展との両立を図りつつ……対策を総合的に、かつ、協力に推進することが肝要である」（1966年産業構造審議会答申）などの意見が主張された。こうした状況を背景として、事務レベルの法律の草案から最終国会提出法案作成の間に「厚生省試案要綱と政府試案要綱並びに最終の国会提出の法案の主な相違点は、『国民の健康と福祉の保持が事業活動その他経済活動における利益の追求に優先する』というくだりがなくなり、『もって国民の健康を公害から保護するとともに、経済の健全な発展との調和を図りつつ生活環境を保全し、公共の福祉に資することを目的とする』との調和条項が明文化された点である」、また、「環境基準については『人の健康を保護し生活環境を保全するために保持すべき基準』という厚生省原案は『人の健康を保護し、生活環境を保全する上で維持されることが望ましい基準』という性格に変えられた」という経緯があった（橋本）。これについては経済界の意見等を背景とし、政府内における経済企画庁、通産省（いずれも当時）の強い圧力があった。旧公害対策基本法は公害から国民の健康を保護し、生活環境を保全することを基本理念としたが、1967年の制定当初は「生活環境の保全については、経済との健全な発展との調和が図られるようにする」とのただし書がなされた。しかし制定後に、公害対

策について経済的な配慮を削除するべきとの議論があり、1970年の改正でただし書が削除されるという経緯があった。(「環境基本法の解説」、第4章「4-1」参照)

11−2 事業活動と汚染物質排出規制

(1) 事業活動と汚染物質排出規制等への対応

1967年制定の旧公害対策基本法の制定において、環境の質を守るべき環境基準の概念と環境の質を維持するために発生源を規制するとの基本的な考え方が法制化され、さらに1970年代に必要な場合には総量規制を行う制度が法制化された。こうした経緯を経て、環境の質を回復・維持するために、全国に適用される一律・最低限度の規制、地方自治体による条例による規制、及び総量規制によって、事業者が汚染者負担の原則にしたがって、汚染物質の排出を制限する考え方は1960〜1970年代に社会的に定着を見ることとなった。1972年にOECDがいわゆる汚染者負担の原則（汚染原因者が対策費用を負担するPolluter Pays Principleの原則。「P.P.P.原則」と略称されることがある）の考え方を世界に示し、事業活動は公害対策を自らの費用負担において実施する考え方が国際社会において定着するようになった。公害規制が行われれば事業活動は自らの資金で公害防止装置の導入等の対応を求められることとなり、これは「P.P.P.原則」に沿うものである。

旧公害対策基本法の制定の後に、個別法によって汚染物質の排出の規制、公害防止費用の負担、自主的な公害防止管理、公害についての無過失責任等、事業者に求められる環境配慮の具体的な規制等の措置が拡充された。1968年制定の大気汚染防止法、1970年の騒音規制法の改正（騒音規制法は1968年制定）は、工場だけでなく自動車排出ガス、自動車騒音の許容限度を定める規制措置を規定した。事業者はこうした規制等に対応を求められるようになった。一方、政府、地方自治体は事業者に求められる費用負担に配慮して融資等の措置によって事業者の公害防止投資等を支援した（第4章「4-2」、「4-5」参照）。

1971年には「特定工場の公害防止組織の整備に関する法律」が制定された。この法律は、汚染物質を排出する企業が、公害規制法に基づく規制基準を遵守するなどの公害防止管理を行うにあたって、国家試験により専門的な知識を有するとして資格を得た「公害防止管理者」を、工場等の職制に応じて配置するとするもので企業内における体制を整えることを促すものであった。この法律によって、大気汚染物質、水質汚濁物質、騒音、振動の規制を受ける工場等には、公害防止管理者を置くべきことが規定された。該当する工場では、大気、水質、騒音、振動、特定粉じん（アスベスト）、一般粉じん、ダイオキシン類について、それぞれ資格を持つ職員を配置することが必要となった。

(2) 自動車の規制とメーカーの対応

自動車排出ガスと騒音の規制について、1968年の大気汚染防止法、1970年の騒音規制法改正によって導入された。これにより自動車メーカーは販売する製品に対して一定の環境責任を求められるようになった。

1960年代に急速に自動車保有台数が増加した。1955年に134万台であった保有台数は、1960年には290万台、1965年には699万台、1970年には1,653万台になった。最初に心配されたのは一酸化炭素による大気汚染であった。1966年には行政指導による低減指導がなされるようになったが、1968年制定の大気汚染防止法によって自動車の排出ガス規制を行うことが明文化され、一酸化炭素が自動車排出ガスと定められ、1969年から規制されるようになった。その後、炭化水素、窒素酸化物、粒子状物質が自動車排出ガスとして指定されて規制されるようになった。大気汚染防止法により自動車の種類、車両重量、燃料の種類の別に許容限度が決められ、道路運送車両法により実質的な規制措置がとられるようになった。

自動車騒音の規制については、道路運行車両法により1952年以来定常走行騒音、アイドリング時の排気騒音について実施されていたが、十分な規制効果がなかった。このため1970年に騒音規制法を改正し、自動車騒音を規制するとすることが規定された。これに基づき自動車の騒音の許容限度が定められ、定常走行、加速走行などの別に、自動車の種類、車両重量の別に騒音の規制値

が決められ、道路運送車両法により実質的な規制措置がとられるようになった。

　自動車排出ガス規制に関係して、1970年のアメリカの大気浄化法改正法（通称マスキー法）が大きな影響を与えた。マスキー法の規制と同等の規制を行うべきとの考え方から、1973年に環境庁（当時）は自動車メーカーから技術的な対応の可能性をヒアリングし、さらには一般国民もこれに大きな関心を寄せて議論がなされた。最も注目されたのは窒素酸化物の排出規制についてであった。1973年当時の窒素酸化物未規制車の排出量比で、8%にまで低減するとする目標（『昭和52年版環境白書』）について、自動車メーカー側は対応できないとの考え方が一般的であったが、やがて一部のメーカーが技術開発に成功するなどによって、当初目標達成年次から遅れて1978年に規制が実現した。日本の環境政策に関するOECDレポートはこの点に関して、「これは自動車業界の努力と政府の行政指導が相まって達成された……大気汚染を減少させ……エネルギー効率の改善及び日本の自動車産業の国際競争力の強化に対しても効果を発揮するものであった。日本の環境保護のための規制が技術革新と経済の改善をもたらした例である」（『OECDレポート1977』）と評価した。

(3) 事業活動と環境保全費用負担

　1967～1971年にかけて新潟水俣病、四日市喘息、イタイイタイ病、熊本水俣病の4件の公害健康被害について、いわゆる「四大公害裁判」が提訴されて法廷で争われたが、一つの争点は発生源企業側に損害賠償責任を認めるかどうかという点であった。これらについて1971～1973年にかけて判決され、いずれも被告企業側が損害賠償をするべきとされた。このことは公害健康被害について事業者が損害賠償をしなければならなくなるとの考え方を社会的に定着させることとなった。1973年制定の公害健康被害補償法（1987年に「公害の健康被害の補償等に関する法律」に改正・改称された）によって、認定された人々に公害補償がなされるようになったが、この制度における補償支払いの費用は公害病の原因となったとされる汚染原因企業によって支払われる制度がとられることとなった。大気汚染系の被害者に対する支払いについては全国の一定規模以上の工場等及び自動車重量税から負担されたが、いずれも発生原因者であ

るとの考え方を基礎とした。
　また、旧公害対策基本法は、「事業者は、その事業活動による公害を防止するために国又は地方公共団体が実施する事業について、当該事業に要する費用の全部又は一部を負担するものとする」（同法22条第1項）とし、必要事項は別の法律で定めるとした。これに対応した制度として、1970年に、「公害防止事業費事業者負担法」が制定された。この法律では、事業者負担を求める事業、負担の割合、事業と負担割合等の決定手続き、などを定めた。発生源と一般住家の間に緩衝緑地を設けて騒音その他の公害を軽減する事業、汚染された水域の低泥を浚渫する事業、汚染された土壌を入れ替える事業（客土事業）などの公害防止事業が必要となり、公共事業として実施される場合が想定された。このような事業が公共事業で実施された場合に、事業者は公害防止対策費が不要となり（緩衝緑地事業など）、あるいは、公害防止対策設備を設けるのを怠って汚染の原因となったにもかかわらず、結局は経費を支払わないですむ（低泥を浚渫する事業、汚染された土壌の客土事業など）ことになる。しかし、これは汚染者負担の原則に反することになる。このような場合において、事業者が公共事業によって不要となった公害防止の経費について、その公共事業に要した経費の全部、または一部を事業者に負担を求めるのが妥当である。こうした考え方からこの法律が制定された。

(4) 無過失責任

　1967～1969年に提訴された四大公害裁判のうち、新潟水俣病、四日市喘息、熊本水俣病についてはいずれも被告側企業の過失、無過失が争われた。1971～1973年のこれらの裁判の判決では被告に過失、損害賠償責任を認めた。これに対して四大公害訴訟の一つのイタイイタイ病裁判では過失、無過失は争われなかったが、それはこの場合の被告が鉱山保安法の適用される事業場であって、無過失責任制度が適用されるために、裁判ではこの点は争点とはならなかった。
　公害の被害者が加害者に損害賠償を請求する場合には加害者の故意、または過失によるものであることなどを証明する必要があり、過失責任主義といわれるが、公害・環境汚染問題においては、公害・環境汚染の被害について、被害

者側が加害者の加害を立証することが科学的にも、経済的にも困難を伴うために被害者側には不利な主義である。

　これに対して、無過失責任主義は、加害者に過失がなくても、その行為によって損害が発生したという関係があれば、加害者が損害賠償責任を負う考え方で公害・環境汚染の分野にも導入する必要性があるものであった。1967年の旧公害対策基本法案には無過失責任は明記されなかったが、当時の野党側からの提出法案の中にはそうした考え方が盛り込まれていた。結局のところ旧公害対策基本法の法案の採決にあたって、衆議院、参議院において無過失責任制度について制度の整備に努めることとの附帯決議がなされた。これに基づいて1972年に公害・環境汚染の個別規制法である大気汚染防止法、水質汚濁防止法の改正によって事業者の無過失責任に関する規定がなされた。両法による無過失責任は、健康被害物質に基づく大気汚染、水質汚濁による人の生命、身体を害した場合に限定され、それ以外の損害には無過失責任を言及していない。また、その他の公害である騒音、振動、悪臭等について関係規制法は無過失責任を規定していない。(船後、第4章「4-7」参照)

11-3　事業活動と公害防止投資および環境ビジネス

　民間の公害防止投資は1960年代の後半から急増した。1965年度以降の製造業における公害防止投資額(推計値)について、1960年代の後半には400億円から4,000億円程度に増え、全投資に対する比率は2.3～7.5％、1974～76年度に1兆3,000～1兆5,000億円、19～23％に達した。その後投資額は減って1980年頃には約4,000億円／年、2％程度となり、その後は年間に4,000～3,000億円程度、1～3％程度で推移している(「日本の産業公害対策経験」)。1960年代後半から70年代前半頃は、公害対策基本法の制定後に、大気汚染防止法、水質汚濁防止法、騒音規制法などの規制法の制定と規制基準の設定、強化が進み、また、地方自治体と企業の間の公害防止協定などによる汚染物質削減対策なども進んだ。さらには汚染防止のための技術開発が進んで実用化に踏み切る段階に至ったと考えられている。1973年の石油危機により、生産設備の拡大よりも

公害防止投資にシフトしたとの見方があり、また、1970年代後半から投資額が減少したことについては、新規投資が一巡したこと、さらには生産工程そのものを汚染物質の排出の少ない省エネルギー型への転換によることとの見方もある。(「日本の大気汚染経験」)

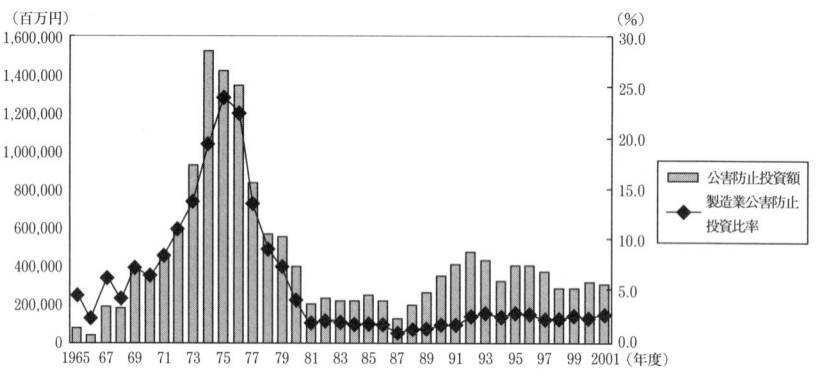

図11-1　製造業の公害防止投資額(推計値)と投資比率
出典:「日本の産業公害対策経験」

　国や地方自治体が設置する水処理施設、廃棄物処理装置に対する投資についても、1960年代の後半から増加し、この頃の全公害防止装置の生産額が急増した。1966年度に全公害防止装置生産額は340億円程度であったが、1974年度には約7,000億円程度に増加した。その後1980年代は6,000～7,000億円程度で推移したが、1990年代に入ると主に官需による廃棄物処理関係、水処理関係の装置生産額が急増し、1993年度には1兆5,000億円を超え、1990年代後半から2000年代前半の間は1兆6,000億円／年程度で推移した。
　1960年代の急激な公害防止投資がどの程度に日本経済に影響したかについて、「昭和52年版環境白書」は、実質GDPに対する影響として、1960～1975年度の間に数％から0.9％の増加要因となったこと、「マクロ経済に与える影響はそれほど大きいものではなかった」としている。1977年に公表されたOECDによる日本の環境政策評価は、「公害防除費用は……日本では他の国よりも高かった」のであるが、この時期の公害防止投資は日本の経済に大きな影響を与

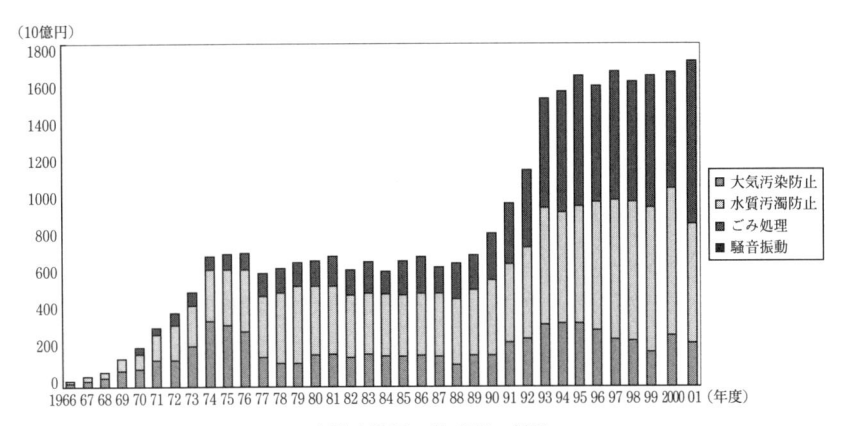

第 11 章 環境と事業活動等 163

図11-2 公害防止装置の生産額の推移
出典：「日本の産業公害対策経験」

えなかったこと、経済成長、低い失業率、適度の国際収支黒字を妨げなかったこと、を指摘している（「OECDレポート1977」）。

1991年に公表された次のOECDによる日本の環境政策評価によれば、1970～1990年の間の日本の経済と環境との関係は、GDPの伸びが133.1%であったのに対して、大気汚染物質の二酸化硫黄、窒素酸化物がそれぞれ82.4%、21.2%削減されたこと、利水量が1.9%の増加にとどまったことなどを示した。企業は公害防止投資をしながらも利益率が高かったこと、自動車産業が排出ガス規制によって技術開発が進み世界市場で競争力を高めたこと、産業全体の国際競争力について環境上の制約が害にならなかったこと、公害防止機器製造業が産業用機械製造業のうちで高い割合を占めるようになったことなどを挙げて、「環境政策と経済成長政策とは互いに両立可能であるだけでなく、互いに補強的であることが分かる」とした。（「OECDレポート1991」）

2002年に公表された最近のOECDによる日本の環境政策評価によれば、1990年代は経済成長率は約14%であったが硫黄酸化物は3%減少したこと、窒素酸化物は7%増加したが経済成長率を下回ったことを指摘した。1980年代以降の20年間を総括して「この20年間に環境悪化と経済成長の相関を大きく切り離すことに成功した」とした。しかし「二酸化炭素の排出はGDPとほぼ同じ割合で増加している。多くの汚染は絶対量で依然として増加傾向にあり、交

通及びエネルギー使用に関して特に顕著である」とした。(「OECDレポート2002」)

　日本の公害経験として水俣病、イタイイタイ病、四日市喘息といういわゆる「公害病」の経験がよく知られているが、このことについて環境庁（当時）は公害防止投資と与えた被害に関する比較を行っている。これらは1989年頃の時点における評価であるが、水俣病（水俣地域）について、工場側が1955～1966年度の間に水質汚濁対策に投資したことを想定した推定額1億2,300万円／年に対して、対策導入を未然に行わなかったために健康被害補償、低泥浚渫費用、漁業補償費用を合わせて発生させた被害額は126億3,100万円／年であった。イタイイタイ病について、企業側による1973年度以降の鉱害防止額である年間6億200万円に対して、対策導入を未然に行わなかった健康被害額、農業補償額、土壌回復事業を合わせて発生させた被害額は25億1,800万円／年であった。四日市喘息について、1971年度以降に企業が導入した大気汚染対策費用として年間に147億9,500万円が投入されているが、仮定としてこの投入を行わずに喘息の被害者がさらに全市域に拡大したとして推定される健康被害補償額は210億700万円／年であった。こうした評価の結果から、公害の未然防止が費用効果の面から見て十分に合理的であると結論している。(「日本の公害経験」、金額はいずれも1989年度価格)

　2002年6月に政府は「経済財政運営と構造改革に関する基本方針2002」を閣議決定したが、その中で経済活性化戦略の「6つの戦略、30のアクションプログラム」を示し、「産業活性化戦略」においてアクションプログラムの一つに「環境産業の活性化」を掲げている。そこでは廃棄物処理・リサイクル等の静脈産業の育成・研究開発、環境配慮物品の市場拡大・消費者選択への誘因拡大、低公害車・環境配慮型住宅・建築物・機器等の研究開発の促進と新たな産業創出、燃料電池の開発・普及などが具体例として挙げられている。環境省が2000年について調査した日本の環境ビジネスの市場規模は約30兆円、雇用規模は約77万人である。これらには環境汚染防止に係る、装置等の製造、サービスの提供、建設・機器の据え付け等、及び資源有効利用等に関係するものが含まれている。また、その規模が20年後の2030年に市場規模で約2倍、雇用規模で約

表11-1 環境ビジネスの市場規模と雇用規模

環境ビジネス	市場規模（億円） 2000年	市場規模（億円） 2010年	市場規模（億円） 2020年	雇用規模（人） 2000年	雇用規模（人） 2010年	雇用規模（人） 2020年
環境汚染防止関係（装置・資材の製造、サービスの提供、建設・機器の据え付け）	95,936	179,432	237,064	296,570	460,479	522,201
環境負荷低減技術及び製品（装置製造、技術・素材・サービスの提供）	1,742	4,530	6,085	3,108	10,821	13,340
資源有効利用（装置製造、技術・素材・サービスの提供、建設・機器据え付け）	201,765	288,304	340,613	468,917	648,043	700,898
合　　　計	299,444	472,266	583,762	768,595	1,119,343	1,236,439

出典：「平成15年版環境白書」

1.6倍になると予測している。

11－4　持続可能な開発と事業活動

　1980年代には、地球環境問題への関心が高まり、1987年には国連の委嘱による「環境と開発に関する世界委員会」が報告書「Our Common Future（われら共有の未来）」を国連事務総長に進達・公表し、その中で「持続可能な開発」という概念を提唱したが、このことは事業者側にも影響をもたらした。1989年に油送船が座礁し、大量の原油が流出し、アラスカ沿岸や周辺の島嶼、海域に甚大な環境影響を与え、これを契機に同年9月に「環境に責任を持つ経済活動のための協議会（CERES、Coalition for Environmentally Responsible Economies）」が「バルディーズ原則」（後の「セリーズ原則　1992年4月」）を公表した。同原則は、企業は環境に対して責任を負う、地球環境を保護する姿勢で業務遂行する、将来世代の生存可能性を侵害してはならない、などを表明し、

「全世界で我々のすべての業務にこの原則を適用することを心がける」とした(「Our Common Future（われら共有の未来)」、「地球環境条約集第4版」）。

1991年4月には日本の経団連が「地球環境憲章」を発表した。企業の存在が地球環境と深く関わっており、全地球的規模で環境保全が達成される未来社会を実現することにつながるべきであること、企業も良き企業市民であるべきであること、持続的発展が可能な社会、企業と地域住民・消費者とが相互信頼のもとに共生する社会、環境保全を図りながら自由で活力ある企業活動が展開される社会の実現を目指す、などの基本理念を示した（経団連資料）。

1991年にドイツ・ヴッパータール研究所が、今後50年のうちに先進国における資源生産性（資源投入量当たりの財、サービス生産量）を10倍に向上させることが必要と主張する「ファクター10」を提唱した。後にこの考え方を基礎に、1994年に日本、欧米等の研究者、政治家、経営者による「ファクター10クラブ」が、今後30年から50年の間に先進国の資源生産性を10倍に引き上げることを提言する「カルヌール宣言」を発表している。1995年には、資源生産性を2倍に、環境に対する負荷の半分にすることが可能であるとする「ファクター4」の考え方がローマクラブに報告されている。（「平成11年版環境白書」）

1996年に経団連は「経団連環境アピール：21世紀の環境保全に向けた経済界の自主的行動宣言」を宣言しているが、その中で、環境倫理の再認識、環境負荷の低減、自主的取組の強化が必要とし、産業ごとに自主的行動計画作成などを通じた地球温暖化対策に取り組むこと、循環型経済社会の構築への廃棄物削減・リサイクルに取り組むこと、ISOの環境管理・環境監査を活用すること、海外事業展開における環境配慮に一段と積極的に取り組むこと、などとしている。また、2004年には「環境立国のための3つの取り組み」として、地球温暖化・廃棄物に関する環境自主行動計画を推進・達成すること、環境にやさしい製品の開発と市場投入・自然保護を始めとするボランティア活動への取り組みを行うこと、環境報告書・社会的責任報告書などの策定・公表を拡大するよう会員企業・団体に呼びかけることを宣言している。

11 − 5 　自主的な対応の動向の拡大

　企業、事業者の自主的な対応について、日本企業の ISO14001 認証取得が盛んに行われるようになった。1996 年に ISO が検討を進めてきた企業の環境管理に関する国際規格である「ISO14001」が発行されたが、これは環境管理の内容について世界のどのような企業においても適用でき、規格を設けて標準化しようとするものとして発行された。

　「ISO14001」では、自らの環境管理の取組を国際的、客観的に認証を得たいという企業が整えることを要求される「要求事項」として、一般的事項、計画、実施及び運用、点検及び是正処置、経営層による見直しの 6 項目（細分化されている項目は 18 項目）について記載し、要求事項に合格するように環境管理（環境マネジメント）のシステムを整えて文書にし、認証を得る手続きを経て、認証が得られる。認証後は不断に文書にしたがって実施し、点検し、必要な見直しを行い、認証の更新を行うものである。日本における認証取得は 1997 年 4 月に 246 件、1998 年 4 月に 827 件、1999 年 4 月に 1,849 件、2000 年 4 月 3,561 件と増加し、2005 年 12 月時点で、1 万 9,896 の企業等が認証を得ており、世界で最も多い（日本規格協会 HP）。

　ISO14001 の規格のマネジメントシステムでは、企業等の考え方によってそれぞれに作成されるものを審査に供することになるもので「組織が、法的要求事項及び著しい環境側面についての情報を考慮に入れた方針及び目的を設定し、実施することができるように、環境マネジメントシステムのための要求事項を規定」している（「JIS 環境マネジメントシステム」）。したがって、認証取得を審査する審査登録機関においてどのように認証されているかが問われることとなり、この仕組の質の確保について重要な要素となる。ISO14001 の取組がすべての環境問題を解決するというような性格のものではないのであるが、一般企業の活動に由来する環境負荷は個人によるものよりも大きく、それが自主的な努力であっても削減量、削減効果は大きくなる可能性があり、有効な取組がなされることが望まれる。

　企業等の自主的な環境保全の取組を「環境報告書」によって公表する動きが

広がってきている。報告書に含まれるのは、組織の概要、環境保全活動に取り組むことを明示した企業等の最高経営責任者の誓約、誓約に基づく環境方針及び環境目的・目標、方針・目的・目標に沿って実行するための環境マネジメントシステム、企業の活動が環境に与える影響について説明する環境パフォーマンス等からなる。何をどのように報告書に記載するかについては、現段階では標準化されたもの、あるいは規格化されたものがなく、これから模索を経て具体的になっていくものと考えられるが、開示される報告書の情報が虚偽のない信頼性に足るものであることが必須条件である。この報告書を読むのは、企業の内部の従業員、地域社会、投資関係者、消費者、取引先などである（国部他）。企業が環境にどのように配慮しているかを公表して読み手に訴えること、また、読み手はどのような興味でこれを読むかは重要な側面である。企業側と読み手の一般社会の関係が問われることになる。

　環境報告書と同様に、企業の環境保全のための取組を貨幣及び物量で評価して、その結果を自主的に開示、公表する「環境会計」が注目されるようになってきている。環境報告書を作成・公表するような企業等にあっては、環境報告書において環境保全コストや環境負荷物質を定量的に把握して、その一部を構成することとなると考えられる。環境会計は「事業活動における環境保全のためのコストとその活動により得られた効果を認識し、可能な限り定量的（貨幣単位又は物量単位）に測定し伝達する仕組み」（環境庁「環境会計システムの確立に向けて・2000年報告」）である。企業内の経営責任者、従業員が環境保全の取組を貨幣、物量で知り、企業外の消費者、取引先、投資家、金融機関、さらには地域社会等は意志決定に活用することとなるものとされている。環境会計は、環境報告書の場合と同様に、企業等が旧来からの目的である営利のみを追求する限りにおいては存在の意味はないが、環境の保全と営利の追求をともに目標にしようとする場合に、両者を結びつける役割を果たすツールとして利用されることとなる可能性がある。

　こうした取組は企業経営等の関係者の価値観が環境の保全に深い関心を寄せる場合に促進されるものであるが、最終的には地域住民、消費者等を含む幅広い社会的な関心が高いほど存在の意味が高まる可能性がある。その意味から

すれば、単に企業等の内部や投資家に期待するだけでなく、広く国民が関心を払い、自らの意志決定に大いに活用することとなる必要がある。セリーズ原則や経団連憲章などから経済活動における環境配慮の組込が図られようとしているように見られるが、一方、環境政策においては、環境基本法が拡大生産者責任、経済的措置に関する規定の他に、事業者に望まれる環境配慮を盛り込み、環境基本計画では事業者に環境配慮の自主的な取組の必要性を指摘し、期待している。経済と環境を背反するものではなく、事業活動において規制対応型の取組を越えて環境配慮をすること、環境配慮の動きをビジネスや雇用の創出として捉えることなどのような方向に転換してきている。

2004年に環境配慮促進法（「環境情報の提供の促進等による特定事業者等の環境に配慮した事業活動の促進に関する法律」）が制定された。この法律は、国の省庁、特別法によって設立された法人等で政令で定める事業者に環境報告書の公表を義務づけ、また、「大企業者」に環境報告書の公表等に努めることを求め、中小企業者に対しては国が環境配慮についての状況の公表が容易となるように方法等の情報を提供するとしている。

最近10年ほどの間の企業の環境配慮の取組は、全体として見ると、かつて1960年代頃に公害対策規制について国際競争力を懸念して消極的であった頃に比べれば大いに変化している。ISO14001の認証取得が2万件に達する状況にあり、世界各国の中でも際立って多い。環境省が2004年度に東京・大阪・名古屋の証券取引所の1部・2部上場企業の2,524社の回答を得た結果によると、環境報告書を作成しているとする企業は801社（31.7％）、環境会計を導入しているとする企業は712社（28.2％）である（環境省資料）。

しかし、こうしたことをもって日本の企業等の事業活動における環境配慮が完全な状態に達していると結論することはできないだろう。「ISO14001」という発想はイギリスなどのヨーロッパの国々から発せられたものである。「セリーズ原則」、「ファクター4」などの発想も海外から持ち込まれている。日本の事業活動やその団体が環境保全に配慮することについて理念、コンセプトなどにおいて世界に先駆けた取組やリーダーシップを発揮してきたようには見られない。「本当に環境問題と経済合理性が二律背反する場合に、企業の生き残り

をかけて『環境』を優先できるかといえば、まだその時代はそこまでに達していない」(小林)とのコメントがなされている事例がある。数百万ともいわれる中小企業等を含む事業活動主体が環境配慮をしているといえる状態ではない。

　今後の見通しとして事業活動における環境配慮が進まないというのではなく、少なくともこれまでの数十年間に緩やかではあるが確実に変化が見られるように、より多くの事業活動主体に環境配慮が浸透し、また、積極的により進んだ取組に踏み出す事業活動主体が増えることが期待されるが、それが実現するためには社会的な認識が深まること、特に事業活動の環境配慮を鋭く評価することのできる国民の認識が欠かせないのではないかと考える。

第12章
環境政策の形成過程

12 − 1　環境基本法と環境政策の枠組

　日本においては、明治時代に足尾などにおける鉱害問題、東京などにおけるごみ・し尿の処理の問題、森林の伐採や野生獣の乱獲などの自然環境に関係する諸問題が発生するようになった。次いで第二次世界大戦後には東京、神奈川、大阪、福岡などにおいて戦後復興に伴う環境汚染が問題となり、それに続く高度経済成長の過程においては、重化学工業化、都市化、自動車の普及・交通輸送網の整備などにより環境汚染問題、ごみ・産業廃棄物問題、身近な自然環境の破壊が進むとともに、典型的な公害問題として健康被害の発生を見るに至った。1980年代頃から国際社会が注目するようになった地球環境問題について、日本は世界経済に大きな位置を占める国として対応を求められるようになった。こうした環境上の諸問題への対応を通じて、日本の環境政策が構築されてきた。現在、日本の環境政策は1993年制定の環境基本法を基本的なよりどころとしている。同法が「基本法」とされていることについてであるが、重要な国民の関心事であるが憲法に定めのない環境について、憲法を補完するように、環境の保全についての理念、各主体の責務、基本的な枠組となる施策の体系、基本的な計画の策定などの総括的・包括的なあり方を規定しているものであるとされる（「環境基本法の解説」）。

　環境基本法は、公害対策、自然環境保全、廃棄物処理・処分対策や廃棄物・不要物の再利用等、さらには地球的規模の環境問題への対応等を政策の主要な

課題項目として捉え、それらに対応する政策の枠組を規定して、環境政策の基本的なよりどころとなっている。

　環境基本法は、1987年に「環境と開発に関する世界委員会」がその報告書「Our Common Future」において提唱し、1992年に「環境と開発に関する国連会議」がその宣言である「リオデジャネイロ宣言」で基調となる考え方とした「持続可能な開発」を取り入れつつ、環境政策の理念を言及した（章末【参考1】参照）。それは要約すれば、現在・将来世代にとって極めて重要な環境の価値とそれに対する人類活動の影響に関する基本的認識、持続的発展が可能な社会経済システムの構築と問題の未然防止への取組の必要性、国際社会との協調の下に行う地球環境保全への取組の必要性である。1967年制定の公害対策基本法の基本理念であった「公害から国民の健康を保護し、生活環境を保全する」との考え方、また、1972年制定の自然環境保全法の基本理念であった「自然環境保全は……国民がその恵沢を享受するとともに、将来の国民に自然環境を継承することができるように適正に行う」との考え方は、ともに環境基本法の基本理念の中に吸収された。なお、公害対策基本法は全部が廃止されて環境基本法に吸収され、自然環境保全法については基本理念の部分について環境基本法に吸収された。

　環境基本法は「環境基本計画」について規定した（第15条）。政府が、環境の保全に関する総合的かつ長期的な施策の大綱、施策の推進に必要な事項について、環境の保全に関する基本的な計画を定めなければならないとし、政府によって1994年に初めての環境基本計画が策定され、2000年に改定された。総合的・長期的施策の大綱の持つ意味については「望ましい環境のあり方及び環境保全施策の基本的な方向」とされ（「環境基本法の解説」）、長期的な目標として「循環」、「共生」、「参加」、「国際的取組」が掲げられている（章末【参考2】参照）。

　環境基本法は「環境」を定義しなかった。これについては「環境の範囲については……環境は包括的な概念であって、また、環境施策の範囲は、その時代の社会的ニーズ、国民的認識の変化に伴い変遷していくもの」（中央公害対策審議会・自然環境保全審議会答申「環境基本法制のあり方について」）との考え方

による。同基本法は、施策の策定等に係る指針（第14条）において、大気・水・土壌その他の環境の自然的構成要素、生態系の多様性の確保、自然的社会的条件に応じた森林・農地・水辺地の体系的保全、人と自然との豊かな触れ合い、を挙げており、同法がその制定時に想定していた「環境」の守備範囲を知ることができる。

　また、環境基本法の「環境の保全」の考え方として、「環境の保全上の支障の防止」が健康被害・生活環境被害をもたらすような環境の汚染を防止し、あるいは「確保されることが不可欠な自然の恵沢を確保すること」（「環境基本法の解説」）であること、「環境の保全」はそうした支障の防止に加えて、環境の快適性、良好な自然環境の確保などのより望ましいあり方を含む概念であるとしている。

　環境基本法は環境の保全に責任を果たすべき主体について、「……国、地方公共団体、事業者及び国民の責務を明らかにする……」（同法第1条）とし、国に対して環境保全の基本的、総合的な施策の策定・実施、地方公共団体に対して国の施策に準じた施策と区域の自然的社会的条件に応じた施策の策定・実施に、それぞれ責務があるとした。事業者に対しては、①環境汚染対策、廃棄物の適正処理・処分、自然環境の保全、②事業活動に伴う製品等が廃棄物となる場合への配慮、③廃棄物や環境負荷の低減、原材料・役務利用における再生資源利用等、④その他の自主的な環境保全への取組、国・地方自治体の施策への協力について責務があるとした。国民に対して日常生活における環境の負荷の低減、その他の自主的な環境保全への努力、国・地方自治体の施策への協力について責務があるとした。（環境基本法第6～9条）

　これまで数十年、あるいは第二次世界大戦前にまでさかのぼることのできる経過から、今日の日本の環境政策の枠組が形成された。これまでの環境政策形成における国、地方自治体、事業者、国民の各主体と環境政策形成への関わりの流れをみると概ね以下のとおりである。

12－2　国における環境立法と環境行政

　日本の環境汚染関係の施策は、1940年代の半ば頃以降に、東京都、神奈川県、福岡県等の公害防止条例が先行し、国における施策は、1950年代の後半頃から、地下水源の保全と地盤沈下の防止を目的とした「工業用水法」(1956年)、水質汚濁防止を目的とした「公共用水域の水質の保全に関する法律」、「工場排水等の規制に関する法律」(両法とも1958年)、大気汚染防止を目的として「ばい煙の排出の規制等に関する法律」(1962年)等の個別の公害対策のための諸法などから初められた。1967年にその後の環境政策の基本となる公害対策基本法が制定され、それを機に公害関係諸法の整備が進んだ。公害規制については、1962年制定の「ばい煙の排出の規制等に関する法律」を廃止して大気汚染防止法(1968年)、1956年制定の水質汚濁関係2法を廃止して水質汚濁防止法(1970年)がそれぞれ制定され、新たに騒音規制法(1968年)、悪臭防止法(1971年)、振動規制法(1976年)などの規制法が制定された。公害に関係して、国・地方自治体等が公害防止事業を実施した場合に事業者から適正な負担を求める「公害防止事業費事業者負担法」(1970年)、公害に係る紛争や苦情に迅速・的確に対処するための公害紛争処理法(1970年)、公害健康被害に対する損害賠償等を法制化した公害健康被害補償法(1973年。1987年に「公害健康被害の補償等に関する法律」に改正・改称)が制定された。

　廃棄物の処理・処分については、戦前からの汚物掃除法(1900年)を廃止し、1954年に清掃法を制定して市町村が特別清掃地域として指定した地域について、市町村がごみ・し尿処理責任を持つとの制度により対処したが、急激な経済成長に伴って増加する廃棄物に対処し、産業廃棄物については事業者に責任を求めることを明確にして、新たに「廃棄物の処理及び清掃に関する法律」(1970年)が制定された。同法はその後の廃棄物と処理・処分をめぐる社会的な政策、対策需要に対処して、法律本文の改正と政令等の改正が行われてきたが、1991年に、基本的なあり方としてごみや不要物を資源として見る考え方、ごみや産業廃棄物の排出を減量化するという考え方を初めて導入した。また、1995年に容器包装法(「容器包装に係る分別収集及び再商品化の促進等に関す

る法律」)を制定して、びん、缶などの容器包装を市町村が分別収集し、それを容器と内容物の製造事業者に引取と再資源化を義務づける制度を設けた。その後、特定家庭用機器再商品化法（1998年）、建設工事に係る資材の再資源化等に関する法律（2000年）、食品循環資源の再生利用等の促進に関する法律（2000年）、使用済自動車の再資源化に関する法律（2002年）、また、2000年にはこうした資源リサイクルの考え方を包括して、循環型社会の形成を進めるための基本となる法律として「循環型社会形成推進基本法」を制定した。

　自然環境保全については、戦前に制定された優れた自然景観等を有する国立公園地域を指定して保護する国立公園法（1931年）を改正するなどにより、1957年に自然公園法が制定されていたが、自然景観だけでなく、動植物種や生態系全般を保護・保全する考え方から自然環境保全法（1972年）が制定された。また、鳥獣の保護について、戦前からの狩猟法（1917年）を引き継ぎ、現在では「鳥獣の保護及び狩猟の適正化に関する法律」（最新の改正は2002年）が役割を果たしているが、1992年に国際的、国内的に希少な野生生物を保護する「絶滅のおそれのある野生動植物の種の保存に関する法律」（「特殊鳥類の譲渡等の規制に関する法律（1972年）」、「絶滅のおそれのある野生動植物の譲渡等の規制に関する法律（1987年）」を廃止して制定された）、2002年には自然再生施策を推進して自然と共生する社会を目指すとの自然再生推進法が制定された。

　地球環境保全に関する法律としては、オゾン層保護に関する「特定物質の規制等によるオゾン層の保護に関する法律」（1988年）、「特定製品に係るフロン類の回収及び破壊の実施の確保等に関する法律」（2001年、通称「フロン回収破壊法」）、地球温暖化対策に関する「地球温暖化対策の推進に関する法律」（1998年。2002年改正）が制定されている。

　これまでの公害対策基本法、環境基本法などの環境関係諸法はほとんどのものが内閣からの提案により審議、制定されたものであるが、国会議員の提案により制定された例として、瀬戸内海環境保全臨時措置法（1973年。1983年に「瀬戸内海環境保全特別措置法」に改正・改称された）、フロン回収破壊法（2001年）、ダイオキシン類対策特別措置法（1999年）、自然再生推進法（2002年）などがある。

- 環境基本法
  - 環境汚染規制関係
    - 大気汚染防止法
    - 水質汚濁防止法
    - 騒音規制法
    - 振動規制法
    - 悪臭防止法
    - 土壌汚染対策法
    - 農用地の土壌の汚染防止等に関する法律
    - 工業用水法
    - 建築物用地下水の採取の規制等に関する法律
  - 化学物質規制関係
    - 化学物質の審査及び製造等の規制に関する法律
    - ダイオキシン類対策特別措置法
    - 特定化学物質の環境への排出量の把握及び管理に関する法律
  - 公害被害補償関係：公害健康被害の補償等に関する法律
  - 紛争処理関係：公害紛争処理法
  - 自然保護関係
    - 自然環境保全法
    - 自然公園法
    - 絶滅のおそれのある野生生物の種の保存に関する法律
  - 環境影響評価関係：環境影響評価法
  - 地球環境保全関係
    - 特定物質の規制等によるオゾン層の保護に関する法律
    - 特定製品に係るフロン類の回収及び破壊の実施の確保等に関する法律
    - 地球温暖化対策の推進に関する法律
- 循環型社会形成推進基本法
  - 廃棄物の処理及び清掃に関する法律
  - リサイクル関係
    - 資源の有効な利用の促進に関する法律
    - 容器包装に係る分別及び再商品化の促進等に関する法律
    - 特定家庭用機器再商品化法
    - 食品循環資源の再生利用等の促進に関する法律
    - 建設工事に係る資材の再資源化等に関する法律
    - 使用済自動車の再資源化等に関する法律

図12-1　日本の主要環境法体系

国における環境行政については、1963年4月に通産相（当時）が産業公害課を設置し、1964年6月に厚生省（当時）が公害課を設置し、1967年には両省ともに立地公害部、公害部に昇格させた。さらに、公害対策について政府内の担当部門が一元的に取り組む必要性から、1970年7月に閣議決定によって総理大臣を本部長とする「公害対策本部」が設置され、政府内の公害に関する施策、事務の総合調整等が行われるようなった。環境庁は第65通常国会（1971年）に提案・可決された「環境庁設置法」によって1971年に発足した。後に2001年1月の省庁再編に伴い環境省に格上げされた。

　環境庁の発足時（1971年）に、それまで厚生省の所管事務であった自然保護関係部門が環境庁に移管されたが、廃棄物に関する部門はそのまま厚生省に残され、また、1972年に自然環境保全法の制定にあたって、国有林等の自然環境保全、都市近郊緑地の保全を環境庁へ移管することが議論されたが実現しなかった（大塚）。このうち、廃棄物行政については2001年の環境省昇格とともに、環境省所管事務となった。環境省設置法による基本的な環境省の任務は地球環境保全、公害防止、良好な環境の創出を含む自然環境保全、その他の環境の保全とされている。

　環境省以外に、産業公害・産業廃棄物・資源リサイクル等に関係する経済産業省、都市計画・交通輸送・下水道敷設等に関係する国土交通省、国有林等に係る農林水産省、地球温暖化対策などの地球環境問題の国際的対応等に関係する外務省、地球温暖化・オゾン層の測定等に関係する気象庁などがある。公害紛争処理に係る「公害等調整委員会」は総務省の外局として設けられ、公害紛争処理法（1970年）に基づく事務を所掌している。また、それ以外の各省庁においてそれぞれの所管に係る環境に関係する行政が実施されている。

12－3　地方自治体における環境行政等

　地方自治体は日本の戦後の環境政策形成において、公害発生源の規制の考え方を先導し、公害被害救済において国に先行し、また、自然保護のための自然環境保全法の制定を促した。環境影響評価制度においては国の制度が対象とし

ない事業に環境影響評価を実施し、景観の保全については都市計画法、文化財保護法に基づく景観条例の他に、地域独自の景観条例によって景観の保全・形成を進めるなど、地方自治体は重要な役割を果たした。

公害規制の考え方は、1949年に東京都が「東京都工場公害防止条例」を制定し、1951年に神奈川県、1954年に大阪府、1955年に福岡県が条例を制定するなど、1970年までに46都道府県が条例を制定した。札幌市の騒音防止条例（1954年）、煤塵防止条例（1962年）などのように市のレベルで条例を制定する例もあった。（「環境庁十年史」、戸引）

公害健康被害の救済について、四日市市で1960年代末頃に被害を受けた人達に治療費負担を考える動きが広がり、1964年に四日市市による医療費補填が始められたが、富山県によるイタイイタイ病患者の方への救済（1968年）、1967年に新南陽市（山口県）、1968年に高岡市（富山県）、1971年に堺市（大阪府）、1972年に東京都、名古屋市などでも救済制度が設けられた（「公害保健読本」）。

自然環境保全については、1970年に北海道、1971年に香川県、長野県が自然保護条例を制定し、1972年度末までに県レベルの自然保護条例の制定は41になった（「昭和47年版環境白書」、「昭和48年版環境白書」）。環境の快適性に関係の深い景観の保全については、法的に文化財保護法に基づく伝統的建造物群保存制度による古い町並み保存地区の景観保全、都市計画法と建築基準法に基づく「美観地区」指定による景観保全の制度があるが、こうしたものに加えて地方自治体の独自の景観保全条例・要綱等が制定・施行される例があった。2004年までに都道府県で30条例、450市町村で494条例が制定され、2004年の「景観法」の制定を促した（「概説景観法」）。

地方自治体は国の環境関係法令等により、都道府県知事、市町村長などが事務を行うと規定する事務について、法律による執行機関としての役割を担ってきた。大気汚染防止法、水質汚濁防止法、騒音規制法等の環境規制法、廃棄物処理に係る「廃棄物の処理及び清掃に関する法律」、公害健康被害補償法などのように、環境関連法はその執行の多くの部分を地方自治体の事務として規定した。これに対応して、地方自治体は組織整備・職員配置を行い、環境監視などに必要な試験分析機関を組織して専門職員を配置するなど、法施行においても

重要な役割を担ってきた。

　こうした国の法令の定めによって行われる地方自治体の事務について、地方自治との関係において不明確な点があった。1995年制定の地方分権推進法は、国の直接執行事務、法定受託事務（地方公共団体が法令により処理する事務で、国が本来執行するべきものを国から受託するとする事務）、自治事務（法令に基づく地方自治体の事務で法定受託事務以外の事務）に区分した。これにより地方自治体が法令に基づいて行う事務の責任区分が明確にされた（大塚）。環境関係の法律における地方自治体の事務について、それ以前の環境関連法によるものについて事務の責任区分がなされ、また、それ以後の立法において地方自治体が行う事務を定める場合には、その点が明確にされるようになった。なお、憲法により保障された地方自治の本旨の確保の規定（憲法第92条）、法律の範囲内で条例を制定できる規定（憲法第94条）があり、憲法に基づいて制定されている地方自治法によって法令に違反しない範囲において条例を制定できることが保障されており、環境の保全のために必要な条例制定・施行が可能である。環境基本法は、地方自治体に国の施策に準じた施策と区域の自然的社会的条件に応じた施策の策定・実施の責務があり、実施するべきことを規定した（第7条、第36条）。地方自治体が独自に行う立法措置はこうした根拠に基づくものである。

　都道府県における代表的な条例について、2003年3月までに都道府県・政令指定都市のうち、58団体において環境基本条例、53団体において環境保全条例、もしくは公害防止条例、53団体において自然保護条例が制定されている（「平成16年版環境白書」）。環境影響評価に関する条例については2003年までに全47都道府県と12政令都市で条例が制定されている（「平成15年版環境白書」）。

　地方自治体による独自の施策として公害防止協定、その他の環境保全に関係する協定を挙げることができる。最も早い事例では1952年に締結された事例があり、1965年までに4事業所、1960年代の後半頃から増加し、1970年までに174事業所、1970年代に急増して1975年までには8,923事業所が関係県、市町村など（一部は住民を含む協定）と公害防止協定を締結した（「昭和46年版公害白書」、「昭和51年版環境白書」）。その後も協定締結数は増え、累積では

5万件程度にのぼる（「日本の産業公害対策経験」）。これらの協定では地方自治体等が法令等で権限の及ばない工場への立入や無過失損害賠償を約束する内容のものなどがあった。

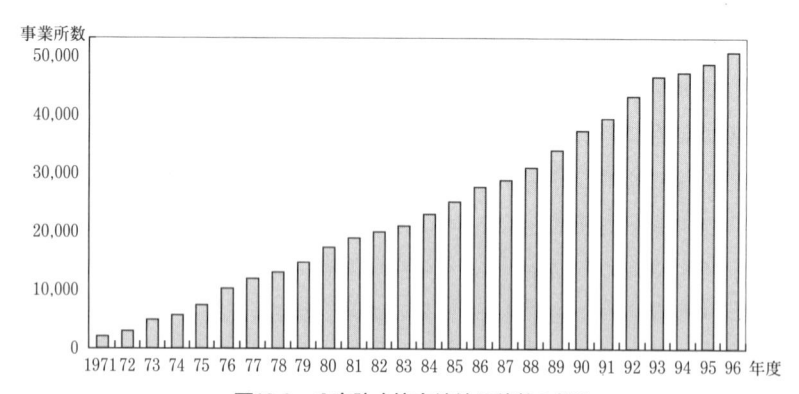

図12-2　公害防止協定締結累積数の推移
出典：「日本の産業公害対策経験」
注：失効した件数は除かれていない

　都道府県の公害担当部課等の設置は、1960年代に始まり、1970年度までに全ての都道府県に部・課、あるいは係（班）が設置され、1970年度に都道府県の専任職員数は1,300人、市町村の公害担当部課は70、専門係（班）は455、専任職員数は1,746人になった（「昭和46年版公害白書」）。1975年度に都道府県の専任公害担当職員数は5,239人、市町村で公害部局課は274、専門係（班）は512、専任職員数は6,892人になった。また、都道府県で自然保護に関係する専任職員数は1,739人であった（「昭和51年版環境白書」）。1980年（10月）に都道府県の専任職員数は公害部門6,308人、自然保護部門1,607人、市町村では公害担当部課188（専門係522）、専任職員数5,205人となった（「昭和56年版環境白書」）。2004年4月時点で、都道府県において環境行政（廃棄物、下水道関係を除く）の担当職員数は5,755人、自然保護関係担当職員数は2,224人、13の政令指定都市については環境行政関係1,738人、自然保護関係830人、市区町村では環境行政関係9,170人、自然保護関係3,054人である（「平成17年版環境統計集」）。

12 − 4　環境政策と事業者

　事業活動は、事業活動用地の占有、エネルギー使用量、資源消費など、土地利用、汚染物質の排出、廃棄物・温室効果ガスの排出などの環境への負荷において、一般市民よりも占める割合が高い。汚染物質排出については、1950 年代の中頃以降に、健康被害の発生、騒音・悪臭等による生活環境の妨害、農林水産物被害などの深刻な公害を引き起こしたために、公害関係規制法等の法令による規制措置等がとられるようになった。1970 年代の後半頃までには、健康被害の発生が心配されるような有害物質による水質汚濁、二酸化硫黄による大気汚染などが改善された。産業廃棄物について、1970 年の廃棄物処理法制定後の廃棄物処理・処分規制について、法令の不備が徐々に補完されて、法令規制措置の強化が最近まで続けられてきた。

　環境影響評価制度については、1972 年に日本では閣議了解の行政指導による「各種公共事業の環境保全対策について」によって行われるようになり、1997 年の環境影響評価法による制度ができるまでの間は、国の制度による行政指導レベルの制度と地方公共団体による条例・要綱等による制度によって、開発事業に環境影響評価の実施が求められてきた。1990 年代以降、地球環境問題への認識の高まりや持続可能な開発の概念の浸透とともに、廃棄物の減量化や不要となった物の再使用、再生利用等の気運が高まり、リサイクル関係諸法の制定が相次ぎ、「拡大生産者責任」が事業者に求められるようになった。

　こうした約 40 年に及ぶ事業活動と環境保全をめぐる社会制度の経緯において、主として経済界から折に触れて公式、非公式に制度の創設、拡充に反対する動きが見られてきた。しかし、これまでの経過を経て、汚染者負担の原則（1970 年代以降）、環境影響評価制度（1970 年代後半頃以降）、拡大生産者責任を具現したリサイクル諸法（1990 年代以降）等について、事業者、経済団体が制度を受け入れ、事業活動の中に必要な規制遵守や費用負担を組み込むようになってきていると考えられる。近年、大企業を中心として「環境報告書」を公表するなどの動きや、大企業に限らず広く ISO14001 の認証を受ける組織が増加し続けている。事業活動が全体としてこれまで以上に環境配慮を拡大するか

については、予断できるようなものではないが、事業活動は汚染負荷、環境負荷において大きな割合を占めることから、今後の環境政策を進めるうえで重要な主体である。

12−5　環境政策と国民

　1950年代後半頃から水俣病、イタイイタイ病が知られるようになり、1961年には四日市喘息が発生したが、これらの健康被害に対して、被害者の人達は被害補償を求めるなどの行動を起こした。1958年には本州製紙江戸川工場（東京都）の廃水に抗議して漁業関係者が工場に乱入する事件が起こった。1964年には、石油、石油化学、電力等の工業立地を予定した静岡県東駿河湾地域の工業開発計画に対して、四日市喘息などの事例から公害発生を心配する地域の人達の反対から、計画が中止された。1960年代の後半頃にはいわゆる「四大公害裁判」が提訴され、いずれも1970年代の前半に発生源事業者に損害賠償責任を求める判決がなされ、やがて判決は確定した。こうした経緯を経て、国民の環境汚染への関心は高まり、1967年に公害対策基本法（後に1993年に環境基本法に吸収されて廃止）が制定され、1971年には環境庁（当時）が発足し、環境汚染規制が急速に進み、同じ頃に、自然環境破壊への関心が高まり1972年には自然環境保全法が制定され、環境影響評価が種々の開発について行われるようになった。これらの動向に対して国民が高い支持を与えていたことが指摘できる。

　事業者が公害防止協定を締結する事例は1970年代には急増したが、それらの中に住民団体が単独で企業と協定を結ぶ事例があった。1975年当時に8,923の公害防止協定に中に、住民団体が単独で締結しているもの1,394例、また、地方公共団体が締結している協定で住民団体も協定当事者となっているもの76例、立会人となっているもの337例があった（「昭和51年版環境白書」）。なお、この傾向は最近においても見られ、環境省が集計した2001年度の全国の公害防止協定数、931件の中で住民が当事者として参加しているものは131例、住民が立会人となっているものは60例である（「平成15年版環境白書」）。

しかし、1970年代の後半頃から、それまでに取り組んだ緊要な環境汚染対策、自然保護対策の課題に一応の成果を得た後に、日本の環境政策・環境問題について変化が起こったと見ることができる。身近な関心事である汚染の問題の深刻さがやわらいだことから、国民を初めとして日本社会全体の求心力のある環境政策目標を見失ったのである。1983年には環境影響評価法案の廃案、1987年には公害健康被害補償制度の改正による大気系新規公害病認定の打ち切りなどがあった。こうしたことからこの時期を「逆流・停滞期」とする例がある（寺西）。

　この頃に廃棄物の処分場に関する地域住民の関心は高く、時に住民投票に発展し、地方自治体の首長選挙において重要な公約案件となる事例はあったが、1980年代にごみの排出量は増加の一途をたどった。1990年代のリサイクル諸制度の創設にあたっては、どちらかといえば国が政策を先導するように循環型社会形成施策が進められてきた。地球温暖化対策について、1998年に地球温暖化対策推進法が制定されたが、これについても政府主導によって制定され、国民、社会の幅広い支持のもとに制定されたものとはいえない。地球温暖化と国民の動向との関係について、温室効果ガスに関わるエネルギー消費量は1990年、2000年を比較すると、産業部門よりも民政部門の方が増加率が高かった。

　国民は、環境政策における最も基本的な支持主体であるべきだが、環境に対する価値観について、これまでの経過から知られるように、実感しやすい身近な環境の汚染、廃棄物処分場の建設などに対して高い関心を示してきたが、今後は、資源リサイクルや地球温暖化問題のように、身近に感じ取ることのできない問題、課題に対して確かに価値観を確立し、環境政策に積極的に参加することが求められる。

12-6　環境政策の形成過程

　明治時代以降、今日までの間に日本の環境政策がどのように展開してきたのかを極めて大雑把であるがまとめると以下のようになると考える。

(1) 明治時代から第二次世界大戦終了時までの時期

　明治時代以降、第二次世界大戦終了時までの間の約70余年について、し尿処理については農村還元型処理が主であったが、衛生的な処理をするという考え方が少しずつ広がって行った。ごみについても衛生的な処理のために焼却処理をする考え方がとられるようになった。1900年に汚物掃除法によってし尿・ごみ処理について「市」の責任とする立法措置がなされた。明治時代に入って森林の伐採、野生獣の乱獲などが起こったが、これらに対して自然保護に関係する森林保全・国立公園保護・鳥獣猟規制などの措置がとられるようになった。銅製錬や都市の工場等に由来する環境汚染が農作物被害などの生活環境への被害や人の健康に影響することを関係者が知るようになった。さらには一部の人々は鉱害・大気汚染などに反対し、また、対策を求めて示威運動や訴訟などに訴えた。こうした事実は、第二次世界大戦後に日本が直面することとなる多くの環境問題及びそれらへの対応との関係において、見落とすことができないのではないかと考える。

(2) 1945年頃から1960年頃までの時期

　第二次世界大戦後の1945年頃から1960年頃までの戦後復興と高度経済成長の始まりの頃の約15年間についてであるが、この時期の1940年代の後半頃から、東京などの都市部の経済活動の復興によって、環境汚染が影響を及ぼすようになった。1950年代に入ると環境汚染による最も深刻な健康被害事件である水俣病、イタイイタイ病の発生が認められた。また、東京・横浜喘息が大気汚染と関係があることが認められた。やがて1950年代の半ば頃から四日市喘息事件を起こすことになる四日市コンビナートを初めとして、それまでの既存の工業地域以外の地域に大規模な重化学コンビナートの建設が進み、あるいは、構想が具体化した。水俣病、イタイイタイ病を国民が広く知るところとなり、環境汚染による農作物、水産物への被害も全国で見られるようになった。

　1940年代後半には東京都に対して公害苦情を訴える人が増え、1958年に東京・江戸川の製紙工場に排水による漁業被害を受けたとする漁民等約700人が乱入する事件があった。住民は、環境汚染の発生源とそれがもたらす被害の関

係を認識するようになり、さらには水俣病、イタイイタイ病の惨状が環境汚染への警戒感を一層に高め、発生源、行政に対して対応を求めた。そうした国民の考え方や行動を促したものとして、戦後の民主主義の浸透と国民の権利意識の広がりを挙げることができる。

この時期の対策、対応の特色として、1949年に東京都が工場公害防止条例を制定したのを初めとして、地方自治体が公害防止に関係する条例を制定して対策に取り組むようになった。しかし、国の対応は遅れがちで、1958年の東京・江戸川の製紙工場をめぐる漁民乱入事件後に、同年に制定された「公共用水域の水質の保全に関する法律」、「工場排水等の規制に関する法律」の2つの法律はあまり有効には働かなかった。この時期に国が制定した環境関係の立法措置について、地下水の汲上げによる地盤沈下を防止する目的で1956年に制定された「工業用水法」、1962年に制定された「建築物用地下水の採取の規制に関する法律」が有効に働いた。しかし、その他には見るべきものがなかった。

国会、国の省庁、産業界の関心は経済に重点が置かれ、環境への配慮は時期尚早との見方が大方であった。水俣病、イタイイタイ病という極めて重大な環境汚染による人体被害事件についても、国、産業界の対応は消極的で原因の究明などは研究者らの研究に委ねられた。自然保護に対する関心は希薄で、臨海工業地域や港湾の整備などによって日本各地で自然海岸や干潟の埋立が起こるようになり、また起こる可能性のある開発構想が具体化しようとしていたが、環境汚染に対するほどの関心の高まりは認められなかった。

ごみ、し尿の処理については少し変化があった。東京の1950年代頃のごみについては、焼却処理よりも埋立処分が圧倒的に多く約80%であった。し尿の肥料還元は都市部では行われなくなり、東京のし尿は1950年から東京湾への海洋投入が行われるようになったが異臭を放って問題とされるようになった。1900年制定の汚物掃除法に変えて1954年度に「清掃法」を制定し、市町村が指定する特別清掃地域のごみ、し尿について市町村の処理責任とすることとなった。

この時期においては、住民が環境問題を認識して対応を求めたのに対して、一部の地方自治体が環境関係条例を制定するなどの先進的な取組がなされた点

に特徴がある。しかし、国、産業界などには経済を優先する考え方が強く、国政レベルの環境汚染への取組にはほとんど見るべきものがなかった。ごみ・し尿については市町村の処理責任とする新たな立法措置がとられた。自然保護に対する国民の関心は低い状態にあった。

(3) 1960年頃から1970年代後半頃までの時期

　高度経済成長期の1960年頃から1970年代前半頃までの時期に、環境政策をめぐって大いに変化があった。

　1961年に三重県四日市市に喘息症状の人が多発し、それまでに知られていた水俣病、イタイイタイ病による健康被害とともに、環境汚染による新たな健康被害事件として知られるようになった。四日市喘息の事例は、当時各地で建設が進み、あるいは構想されていた重化学工業地域の後背地で適切な対策を行わなければどこでも起こる可能性を示唆するものであった。工業開発だけでなく、新幹線鉄道や高速道路網の整備も進み、以前よりもさらに多くの人が環境汚染に直面するようになった。公害に対する苦情は地方自治体に年間に数万件が寄せられるようになった。1964年には東駿河湾の工業開発計画が中止され、また、全国各地で火力発電所の計画が住民の反対運動で前進しない状態となった。

　こうした状況にあって、国政のレベルにおいて公害対策をとらなければならないとの判断がなされ、1967年には「公害対策基本法」（1993年に環境基本法制定に伴い、同法に吸収され廃止された）が制定されるに至った。この後、公害規制法の整備が進んだ。公害健康被害に対する被害の救済措置は、1965年に四日市市が独自に認定者に医療費を給付するようにより、その後、四日市市以外にも医療救済を行う地方自治体が増えて、地方レベルでの取組が先行して行われた。1968年に水俣病、イタイイタイ病について政府の公式見解が発表され、いずれも関係企業による汚染物質の排水と発症との関係を認めるものであった。また、大気汚染に関係する疫学的な調査結果が二酸化硫黄と呼吸器症状の関係を明らかにするようになった。1960年代の後半頃に、公害健康被害を受けたとする人々が四大公害裁判を提訴したが、1971～1973年に裁判所は被告側の企業に損害賠償支払いを命じるなどを判決した。1973年には加害企業（大気汚染

に関係する公害健康被害補償については全国の一定規模以上の工場等と自動車所有者）の負担による公害健康被害を補償する法律を制定し、施行することとなった。

廃棄物の処理については、1960年代には産業廃棄物の処理処分が新たな問題となり、1954年制定の清掃法を廃止して、1975年に「廃棄物の処理及び清掃に関する法律」を制定した。これにより一般廃棄物のごみ・し尿と産業活動により排出されるものとして指定する産業廃棄物を区分した。一般廃棄物については以前と同様に処理責任を市町村とし、産業廃棄物については排出事業者とする考え方をとった。

日本の自然環境破壊に対する関心はこの時期に高まった。1960年代の後半頃から、単に優れた景観を保全するような地域として自然公園に指定されるような地域だけでなく、身近な自然環境を開発から保護する考え方や野生生物・生態系などを含む自然全体を保護する考え方が広がった。1970年頃から都道府県レベルで自然保護条例を制定する動きが拡大し、1972年に国が「自然環境保全法」を制定することを促した。

国の環境法においては、地方自治体にその施行を委ねるものが多かった。地方自治体は、国による立法措置がとられた場合に、それ以前に自らが独自に条例等によって対応していた対策と重複し、あるいは矛盾する場合には、自らの仕組を廃止し、あるいは改正することによって整合性を確保した。また、地方自治体は国による立法措置による環境対策の他に、独自に条例等による対応をとった。

事業者は1960年代の初めの頃までは、依然として公害規制に対する強い抵抗を示し、それは国会、経済関係省庁に影響を与えた。しかし、1967年の公害対策基本法の制定を契機に、国政のレベルで公害規制を行うようになると規制に従った対応を行うようになった。国における規制基準の設定等においては、規制を受ける側の技術的、経済的な受入可能性を配慮することが一般的であったが、事業者側は公害規制に対応する技術開発に力を注いだ。大気汚染に関係する硫黄酸化物、窒素酸化物を除去するための排煙脱硫装置・排煙脱硝装置の技術開発、自動車排出ガス規制の強化に対応するエンジン開発などが典型的な

事例であった。

　この時期については、この時期以前、及びこの時期の前半に、経済の成長に伴う環境汚染がさらに広がりを見せる中で、地方自治体が独自の対応策を先行させ、やがて国民の環境汚染に対する認識がさらに高まり、以前と同様の対応では経済活動に重大な影響を与えかねない状況となり、国による環境政策がとられるようになった時期である。環境汚染規制、公害健康被害補償、廃棄物処理・処分、自然環境保全等の基本的な環境政策について、この時期に国の立法措置が整い、地方自治体との役割分担が明確化した。事業者はこの時期に国の施策の動向に対応するように、環境規制、健康被害補償、産業廃棄物処理等の汚染者負担原則を受け入れるようになった。

(4) 1970年代後半頃から1990年代前半頃までの時期

　1978～1979年の第二次石油危機以降から1993年の環境基本法の制定の間の時期は、環境政策が多様な広がりを見せた時期である。

　環境影響評価制度について、政府が1972年に閣議了解「各種公共事業に係る環境保全対策について」を行ったことによって実施されるようになったが、1970年代後半頃から、国の関係省による制度、地方自治体による条例や要綱による制度によって、開発事業者に環境影響評価を求めるようになり、国による立法措置は1997年の環境影響評価法の制定まで遅れるが、日本における環境影響評価制度はこの時期に社会的に定着した。環境の価値として、環境の快適性（アメニティ）の概念について、1977年のOECDによる日本の環境政策レビュー（「日本の経験・環境政策は成功したか」）が指摘したことを契機として関心が高まった。この頃から地方自治体が景観の保全を図る条例などを制定する動きが高まった。また、景観以外の環境側面から、岡山県美星町による光害対策地域づくり（田村）、地球温暖化防止・自然エネルギー利用などの視点からの地域づくり、循環型地域社会づくり、水質保全・水循環地域づくりなどの例に見られるように、環境に関する地域特性などを生かした地域づくりが各地で行われた（「持続可能な地域づくりのためのガイドブック」）。1980年にアメリカで公表された「西暦2000年の地球」が地球環境問題について世界が目を向

ける大きなきっかけとなったが、これは日本にも少なからず影響し、地球温暖化、オゾン層破壊などへの関心が高まった。環境分野の国際協力案件もこの時期に徐々に増えた。国内的な環境問題としては、産業活動に伴う環境汚染問題が以前の時期までにほぼ収束を見たのに対して、道路交通に伴う大気汚染や騒音、都市近郊の湖沼や閉鎖性の海域である東京湾・伊勢湾・瀬戸内海の富栄養化などについて取組がなされたが、この時期の間に解決することはできなかった。また、産業廃棄物の処理・処分については各地に不法投棄事件を発生させ、最終処分場の建設をめぐる地域紛争を巻き起こす事例があったが、これらについても有効な対策を施すことができなかった。

　この時期は、環境影響評価制度が社会的に定着するようになったこと、環境の快適性という環境の価値観が広く認められるようになり地方自治体による景観保全条例等の制定が進んだこと、地方自治体による環境を主題とする地域づくりの取組が見られるようになったこと、などに特徴がある。環境影響評価制度については国、地方自治体が役割を果たした。地方自治体の一部は景観保全、その他の環境を主題とした地域づくりを行った。地球環境保全に関係する対応や環境分野の国際協力については、主として環境庁（当時）、その他の国や国際協力事業団（現在の「国際協力機構」）などによって進められた。国民、地方自治体については、一部を除いて環境への関心を低下させたと見られる。

(5) 1990年代前半頃から今日まで

　1992年に「環境と開発に関する国連会議」が開催された後、今日までの時期は、主として地球環境保全への取組、環境分野の国際協力、特に途上国支援の飛躍的な増加、各種のリサイクルシステムの導入などの循環型社会の構築への取組、生物多様性の確保等の自然環境保全への新たな展開、廃棄物の不法投棄への対応の進展などが見られた。特徴的なことは、これらはいずれも国の主導でなされてきていることである。1990年代以降の新たな環境政策である地球環境保全、循環型社会構築、生物多様性の確保等においては、地方自治体は先導的ではなかった。公害規制法において地方自治体は法施行をほぼ全面的に担ったが、新しい90年代の環境立法措置の施行については、それぞれに異なる

役割が規定された。リサイクルシステムの立法措置の一つである「容器包装の分別収集及び再商品化に関する法律」では、市町村が分別収集と保管を行うことを前提にして、保管物を事業者が計画に従って引き取り、再商品化する仕組をとっており、市町村に依存する制度となっている。また、廃棄物の不法投棄に関する諸規定の強化等は「廃棄物の処理及び清掃に関する法律」を施行する地方自治体に直接に関わるものである。一方、途上国への技術協力についてはほぼ全面的に国やJICAによって行われ、地方自治体の関与は限られている。

　1990年代以降、地方自治体の役割が減少、あるいは低下しているというのではなく、構築されてきた日本の環境政策の枠組の中に地方自治体の役割が組み込まれており、今後、持続可能な社会を構築しようとする新しい環境政策の展開とともに、より多くの責務を担うことになると考えられる。しかし、これまでの十数年間は国における地球環境保全、循環型社会構築、環境海外協力などについては、地方が独自に国の環境政策を先導することのできるような課題ではなかったし、地方自治体にとって住民から直接に強い支持を得て施策を展開せねばならない状況にはなかったと考えることができる。そうした状況ではあったが、一部の自治体では地球環境保全、循環型社会構築、環境海外協力などにおいて独自の取組をする例があり、また、独自の環境税（産業廃棄物処理税、森林税など）、地域環境教育への取組の例がある。

　この時期のもう一つの特徴は事業者の自主的な環境への取組の動向である。1980年代末から国際的に事業者により自らの環境責任を明らかにする動きが見られるようになったが、日本においても産業界が環境責任を明確にする動きが高まっている。最近、日本では自主的な環境配慮の取組であるISO14001の認証取得数が2万件に及ぶようになっており、また、企業が環境報告書の公開を行う動きも拡大している。

12－7　環境政策の形成過程の総括とこれからのあり方

　前節「12-6　環境政策の形成過程」をもとにさらに簡略に日本の第二次世界大戦後の環境政策の形成過程を総括してみると、おおむね以下のとおりとなる

と考えられる。

　「1945年頃から1960年頃までの時期」においては国民が環境汚染問題を認識して、汚染発生源企業、政府、地方自治体に対応を求めた時期、これに対して一部の自治体が条例を制定して対応した時期、しかし、経済を優先する政府、産業界は国レベルの立法措置などはほとんどとらなかった時期である。また、ごみ・し尿に対しては衛生的な処理を基本的な考え方とする戦前からの考え方を強化して「清掃法」を制定し、対処した時期である。

　「1960年頃から1970年代後半頃までの時期」においては、国民の強い意見が政府、産業界を動かして、公害対策基本法の制定を促して、その後の環境規制法を充実させた時期、公害健康被害について被害補償の仕組を整えた時期、自然環境破壊の進行を認識して自然環境保全の政策を再構築した時期である。廃棄物処理の仕組において「産業廃棄物」の概念を明確にしてごみ・し尿の一般廃棄物の処理責任を市町村に、産業廃棄物の処理責任を排出事業者とする政策をとり施行を始めた時期、国・地方自治体の環境政策における役割分担を明確にして行政組織を整備・強化した時期である。一方産業界、産業団体は環境汚染規制を受け入れて汚染物質の処理費用を内部化させるようになった時期である。

　「1970年代後半頃から1990年代前半頃までの時期」は、環境影響評価制度が社会に浸透して行った時期、環境の快適性（アメニティー）という環境の価値観を再認識した時期である。一方、高度経済成長の終焉とともに、公害・自然破壊の沈静化を背景に、多くの地方自治体が環境に対する関心を低下させた時期でもある。しかし、一部の自治体や住民はアメニティーに関係する景観保全、地域の自然資源の保全、光害への取組、環境国際協力などをテーマに新たな取組を行うなどの多様な展開が見られた時期である。また、国のレベルにおいては国際的な地球環境問題への関心の高まりとともに地球温暖化、オゾン層破壊、開発途上国の環境問題などに取組を進めた時期である。

　「1990年代前半頃から今日まで」は、環境基本法、循環型社会形成推進基本法の制定などによって国の基本となる環境政策の枠組が整った時期、国による地球環境保全、循環型社会構築、生物多様性保全、開発途上国への環境協力を

大幅な拡充などの取組が進んだ時期である。また、廃棄物の処理に関係して「廃棄物の処理及び清掃に関する法律」と法施行令などの内容の不十分さを補うための改正・充実がなされた時期である。地方自治体は持続可能な社会を構築するうえでの役割が明確にされたことから、一部の自治体が新たな環境関係税を導入するなどの独自の動きが見られるようになった時期である。一方、事業者について自主的にISO14001の認証を取得し、環境報告書を公表するなどの動きが広がりを見せるようになった時期である。

このように日本の環境政策の形成過程を総括してみると、国民、事業者・事業者団体、地方自治体、政府、国会の5つの主体がそれぞれに役割を果たしてきていることを知ることができる。環境政策についてこの5つの主体が均衡を維持し、相互に連携を保ち、持続可能な社会の構築を目指して、環境問題への対応、環境課題への取組を進めなければならない。5つの主体の間のよりよい連携のためにNGO・NPO、マスメディアが重要な役割を担っており、これらを環境政策を担う主体として位置づける考え方をとることもできる。

また、日本の環境政策において、こうした主体が環境の質に関する現状、動向、予測、また、環境の質に影響する可能性のある社会経済動向などを情報として共有し、政策の導入や変更の必要性を評価する仕組をとるようになっている。「環境情報」と総括して表現することのできるこうした情報群は、環境の監視結果や環境に影響する社会経済動向の把握、それに基づく環境上の変化等に関するシミュレーション予測結果などにより構成されている。こうした情報は国際機関、政府・地方自治体によって把握され、公表される場合があるし、研究機関・研究者の研究の成果として得られる場合がある他に、NGO・NPO、一般市民の活動から得られる場合がある。今日ではそうした環境情報は公開・公表されているが、より質の高い環境情報を収集・整備・公表するように努めることが必要である。

環境政策の背景として、国内の社会経済活動とともに、これからは国際的な社会経済活動、さらには人類社会と文明のあり方を見据えておくことが必要となる。日本は、国内的に環境汚染のない状態を確保・維持すること、生物多様性を保全することとともに、地球環境保全に関係する循環型社会を構築するこ

と、温室効果ガスの削減を推進すること、その他の国際社会と協調して地球環境保全に必要な施策を推進する必要がある。さらには、先進国の一員として、また、食糧を始めとして多くを海外の資源に依存している国として、環境分野の海外協力、特の開発途上国への支援を継続し、質を高めていく必要がある。

参考1：環境基本法の基本理念

第3条 （環境の恵沢の享受と継承等）環境の保全は、環境を健全で恵み豊かなものとして維持することが人間の健康で文化的な生活に欠くことができないものであること及び生態系が微妙な均衡を保つことによって成り立っており、人類の存続の基盤である限りある環境が、人間の活動による環境への負荷によって損なわれるおそれが生じていることにかんがみ、現在及び将来の世代の人間が健全で恵み豊かな環境の恵沢を享受するとともに人類の存続の基盤である環境が将来にわたって維持されるように適切に行われなければならない。

第4条 （環境への負荷の少ない持続的発展が可能な社会の構築等）環境の保全は、社会経済活動その他の活動による環境への負荷をできる限り低減することその他の環境保全に関する行動がすべての者の公平な役割分担の下に自主的かつ積極的に行われるようになることによって、健全で恵み豊かな環境を維持しつつ、環境への負荷の少ない健全な経済の発展を図りながら持続的に発展することができる社会が構築されることを旨とし、及び科学的知見の充実の下に環境の保全上の支障が未然に防止されることを旨として、行われなければならない。

第5条 （国際的協調による地球環境保全の積極的推進）地球環境保全が人類共通の課題であるとともに国民の健康で文化的な生活を将来にわたって確保する上での課題であること及びわが国の経済社会が国際的な密接な相互依存関係の中で営まれていることにかんがみ、地球環境保全は、わが国の能力を生かして、及び国際社会においてわが国が占める地位に応じて、国際的協調の下に積極的に推進されなければならない。

参考2：環境基本計画の長期的目標

循環：大気環境、水環境、土壌環境などへの負荷が自然の物質循環を損なうことによって環境が悪化することを防止します。このため、資源採取、生産、流通、消費、廃棄などの社会経済活動の全段階を通じて、資源やエネルギーの利用の面でより一層の効率化を図り、再生可能な資源の利用の推進、廃棄物の発生抑制や循環資源の循環的な利用及び適正処分を図るなど、物質循環をできる限り確保することによって、環境への負荷をできる限り少なくし、循環を基調とする社会経済システムを実現します。

共生：大気、水、土壌及び多様な生物などと人間の営みとの相互作用により形成される環境の特性に応じて、かけがえのない貴重な自然の保全、二次的自然環境の維持管理、自然的環境の回復及び野生生物の保護管理など、保護あるいは整備などの形で環境に適切に働きかけ、社会経済活動を自然環境に調和したものとしながら、その賢明な利用を図るとともに、様々な自然とのふれあいの場や機会の確保を図るなど自然と人との間に豊かな交流を保ちます。これによって、健全な生態系を維持、回復し、自然と人間との共生を確保します。

参加：「循環」と「共生」を実現するため、各主体が、人間と環境との関わりについて理解し、汚染者負担の原則などを踏まえつつ、環境へ与える負荷、環境から得る恵み及び環境保全に寄与しうる能力などに照らしてそれぞれの立場に応じた公平な役割分担を図りながら、社会の高度情報化に伴い形成されつつある各主体間の情報ネットワークも積極的に活用して相互に協力、連携し、長期的視野に立って総合的かつ計画的に環境保全のための取組を進めます。特に、浪費的な使い捨ての生活様式を見直すなど日常生活や事業活動における価値観と行動様式を変革し、あらゆる主体の社会経済活動に環境への配慮を組み込んでいきます。これらによって、あらゆる主体が環境への負荷の低減や環境の特性の応じた賢明な利用などに自主的積極的に取組み、環境保全に関する行動に主体的に参加する社会を実現します。

国際的取組：地球環境の保全は、ひとりわが国のみでは解決できない人類共通の課題であり、各国が協力して取り組むべき問題です。わが国の社会経済活動は、世界と密接な相互関係にあるとともに世界の中で大きな位置を占めており、地球環境から様々な恵沢を享受する一方、大きな影響を及ぼしています。わが国は、持続可能な社会を率先して構築します。そして、地球

> 環境の保全のため、わが国の取組の成果や深刻な公害問題の克服に向けた努力の結果得られた経験や技術などを活用し、地球環境を共有する各国との国際的協調の下に、わが国が国際社会に占める地位にふさわしい国際的イニシアティブを発揮して、国際的取組を推進します。そのため、あらゆる主体が積極的に行動します。

日本環境史概説年表

注1：本文に記載のあるできごとにより作成している。
　2：各年内のできごとについては、本文に記載のある順によっているので、実際の発生順になっていない場合がある。

【1870年代以降、第二次世界大戦（1945年）まで】

年代	年	できごと	本文記載（章－節）
1870年代		この頃にエゾシカが激減	(1-4)
	1872	「官有地払下規則」による払下の開始	(1-4)
	1873	公園制度についての太政官布告	(1-4)
	1876	「官林調査仮条例」により必要な官林を禁伐林として保護	(1-4)
	1877	足尾銅山の民間払い下げ	(1-3)
1880年代		この頃に大阪市でばい煙・その他の苦情	(1-1)
		この頃に足尾銅山の下流域で汚染による被害発生	(1-3)
		1880年代の終わり頃に北海道のツルが絶滅の危機	(1-4)
	1881	警視庁による夜12時以降の歌舞音曲の禁止	(1-1)
	1883	民有森林についても伐採停止林の制度導入	(1-4)
	1884	住友により新居浜村に銅精錬工場建設	(1-3)
	1888	北海道でエゾシカを捕獲禁止	(1-4)
	1889	北海道でツルを捕獲禁止	(1-4)
1890年代	1890	足尾銅山下流の村議会が知事に鉱山採掘禁止を上申	(1-3)
	1890	田中正造が国会で足尾鉱山による汚染問題を質問	(1-3)
	1893~94	新居浜村などで水稲被害発生、農民による被害補償要求	(1-3)
	1894	大阪市で下水道工事開始	(1-1)
	1895	「狩猟法」制定	(1-4)(6-2)
	1897	「森林法」制定	(1-4)(6-2)
	1898	敦賀市にごみ焼却場	(1-1)
	1898	住友に対して大阪鉱山監督署が四坂島への移転を命じた	(1-3)
1900年代		神戸市、函館市、名古屋市、広島市などで下水道工事開始	(1-1)
	1900	「汚物掃除法」「下水道法」制定	(1-1)

年代	年	できごと	本文記載 (章-節)
1900 年代	1900	足尾銅山下流農民約 2,500 人が上京するべく集結し警官と衝突	(1-3)
	1901	足尾銅山下流の松木村住民が土地を売渡、離村	(1-3)
	1904～05	住友による四坂島の製錬所完成	(1-3)
	1904～06	四坂島の排煙による対岸の四国などで農作物被害発生	(1-3)
	1905	日立・赤沢鉱山を久原が買収、以降「日立鉱山」とされた	(1-3)
		日本産オオカミが絶滅	(1-4)
	1906	この頃から大阪アルカリ（株）による農作物被害	(1-2)
		足尾銅山下流の谷中村の最後の家屋の強制破壊、谷中村遊水池化	(1-3)
	1906～09	四坂島の排煙による農作物被害に対する抗議活動など	(1-3)
1910 年代	1910	四坂島の排煙被害に対する補償契約締結、その後 3 年ごとに更新	(1-3)
	1911	この頃に大阪市に約 900 のボイラー	(1-1)
		大阪市に府知事を会長とする「ばい煙防止研究会」	(1-1)
		東京で「浅野セメント降灰事件」発生	(1-2)
		「史蹟及ビ天然記念物保存ニ関スル建議案」を貴族院、衆議院可決	(1-4)
	1912	大阪で「多木肥料工業」による農作物被害	(1-2)
		日立鉱山で山林、農作物被害	(1-3)
	1914	日立鉱山に 155.7m の高煙突、以後被害が減少	(1-3)
	1915	「保安林設定に関する件」（山林局長通牒）、最初の保護林設定	(1-4)
	1916	「大阪アルカリ事件」大審院判決	(1-2)
	1917	この頃に大阪市に約 2,000 のボイラー	(1-1)
	1919	「史蹟天然記念物保存法」制定	(1-4)(6-2)
1920 年代		この頃から東京で地盤沈下	(1-1)
	1927	大阪市に市長を中心とする「大阪ばい煙防止調査委員会」	(1-1)
	1929	「工場取締規則」による工場騒音規制	(1-1)
1930 年代		1930 年代中頃までに東京市内に 10 数か所のごみ焼却場	(1-1)
	1930	「汚物掃除法」改正、規則改正によりし尿汲取りの市の義務の明確化	(1-1)
	1930～31	東京市内で年間 15cm 程度の地盤沈下	(2-5)
	1931	「大阪府ばい煙防止規則」	(1-1)

年代	年	できごと	本文記載 (章－節)
1930年代	1931	「国立公園法」制定	(1-4)(6-2) (12-2)
	1931~35	東京で中島航空機の騒音苦情	(1-1)
	1933	東京で東京硫酸（株）、振東工業（株）の工場設置等反対運動	(1-1)
	1934	東京で「ばい煙防止デー」、藤倉電線（株）による水質汚濁事件	(1-1)
	1935	東京に15m以上の煙突が8,747本	(1-1)
	1936	この頃から多摩川の水質汚濁により硫化水素発生と酸素欠乏	(1-1)
	1937	「工場取締規則」による震動規制、ラジオなど「高音取締規則」	(1-1)
~1945	1943	警視庁による「工場公害及災害取締規則」	(1-1)

【第二次世界大戦後（1945年）から1950年代】

年	できごと	本文記載 (章－節)
1945	全国の干潟の総面積85,591ha（1978~79頃までに57,330haに減少）	(2-8)(6-1)
1946	「日本国憲法」制定	(2-2)
	横浜喘息（後に東京・横浜喘息）	(2-3)
1947	神通川下流域のイタイイタイ病症状事例	(2-4)
1948	国際捕鯨取締条約発効	(10-5)
1949	東京都「工場公害防止条例」制定	(2-2)(2-7) (3-4)(11-1) (12-3)
	「国定公園」制度の創設	(6-2)
	米大統領が開発途上国援助の必要性等について提唱	(10-1)
1950	「文化財保護法」制定	(6-2)
	下水処理人口約200万人、人口比約3%	(7-1)
1950~58	東京都の公害苦情件数が138件から681件に増加	(2-7)
1950年代	し尿の海洋投入により東京湾に異臭	(7-1)
1950~70	水道の原水汚染急増	(2-6)
1951	「水質汚濁防止法の制定」勧告（実現せず）	(2-2)
1951	「コロンボプラン」発足	(10-1)

年	できごと	本文記載（章−節）
1951〜55	神奈川県（1951）、大阪府（1954）、福岡県（1955）が公害防止のための条例制定	(2-2)(3-4)
1952	島根県が製紙工場と公害防止の覚書	(3-5)(12-3)
	国連の技術援助計画に対して8万ドル拠出（日本の最初の技術協力）	(10-1)
1953	水俣病の患者初発	(2-4)(3-1)
	東京都「騒音防止に関する条例」制定	(2-2)(3-4)
	大分県・津久見市でセメント粉じんによる柑きつへの被害	(2-6)
	大阪府「事業場公害防止条例」制定	(2-2)(3-4)(12-3)
	札幌市「騒音防止条例」制定	(3-4)(12-3)
	「清掃法」制定	(7-1)(7-2)
	日本が「コロンボプラン」加盟	(10-1)
1955	政府による石油工業育成策の公表	(2-1)
	厚生省、通産省が公害防止に関する法案を用意（実現せず）	(2-2)
	イタイイタイ病の状況に関する学会報告	(2-4)
	東京都がビル暖房の煙を規制する「ばい煙防止条例」制定	(3-3)
	福岡県「公害防止条例」制定	(2-2)(3-4)(12-3)
	一次エネルギー供給量約6,000万トン（原油換算）／年。GDP 260ドル／人・年	(2-1)
	自動車保有台数134万台	(11-2)
1956	地下水の組み上げを規制する「工業用水法」制定	(2-2)(12-2)
1950半ば〜60年代	全国各地で大気汚染による農作物被害	(2-6)
1955〜65	東京・隅田川の水質悪化。その他の荒川、江戸川なども。	(2-6)
1956	水俣病の公式発見（5月1日）	(2-4)
1957	「水俣病罹災者互助会」発足、後に「水俣病患者家庭互助会」	(3-1)
	水俣漁協が新日本窒素工場に汚水放流中止を申し入れ	(3-1)
	漁業者による水俣近海漁業の自主規制（1964解除、再度1973に仕切網設置）	(3-1)
	「国立公園法」（1931）を「自然公園法」に改正・改称	(6-2)(12-2)
1958	本州製紙江戸川工場漁民等乱入事件	(2-2)(2-6)(3-1)

年	できごと	本文記載 (章−節)
1958	「公共用水域の水質の保全に関する法律」、「工場排水等の規制に関する法律」制定	(2-2)(3-1) (4-2)(12-2)
	熊本大学による水俣病の水銀原因説の新聞報道など	(2-4)
	全国の304地区、99,000haで水質汚濁による農作物被害	(2-6)
	四日市沖で異臭魚発生	(2-6)
	全国の公害苦情・陳情件数が約11,000件	(3-2)
	日本がインドに対して円借款	(10-1)
1959	水俣病患者・家族が工場側に補償要求、「見舞金契約」が交わされた	(3-1)
	鮮魚小売組合が水俣近海の魚介類の不買決議	(3-1)
	水俣で漁協と工場側が漁業補償交渉、漁民の工場乱入事件も発生	(3-1)
	南極条約採択（1960発効）	(10-5)
1959〜60	横浜市根岸の新しい工業地域周辺で騒音苦情等	(3-5)

【1960年代】

年	できごと	本文記載 (章−節)
1960	東京都「都市公害紛争調停委員会条例」制定、65年までに19件の紛争解決	(2-2)(2-7)
	東京都江東地域の地下水組み上げ量224,000トン／日	(2-5)
	都道府県レベルの公害担当組織整備の始まり	(3-4)
	西宮市の石油産業立地について事前調査実施	(8-1)
	自動車保有台数290万台	(11-1)
1961	四日市喘息の発生	(2-3)
	倉敷市水島沖で異臭魚発生	(2-6)
1962	「建築物用地下水の採取の規制に関する法律」制定	(2-2)
	「ばい煙の排出の規制等に関する法律」制定	(2-2)(4-2) (12-2)
	東京・隅田川の漁業権消滅	(2-6)
	札幌市「煤煙防止条例」制定	(3-4)(12-3)
	この頃の東京都のごみの海面埋立77%	(7-1)
1963	「新産業都市建設促進法」「工業整備特別地域整備促進法」制定	(2-1)
	通産省に産業公害課設置	(3-4)(12-2)

年	できごと	本文記載（章－節）
1963	四日市市を視察した厚生大臣が公害対策基本法を検討すべきとの発言	(3-6)
	四日市市、東駿河湾地域について通産省・厚生省による産業公害調査団調査	(8-1)
1964	厚生省が四日市市、大阪市の呼吸器症状の疫学調査実施	(2-3)
	新潟県阿賀野川下流で水俣病発生	(2-4)
	岡山県で「い草」に大気汚染被害発生	(2-6)
	栃木県知事が日光東照宮地内の道路計画について事業認定（東照宮側が取消を求めて提訴「日光太郎杉事件」、1973年に事業認定の取消判決）	(2-8)(6-1)
	東駿河湾地域の石油コンビナート計画について地元3首長が反対声明・計画中止	(3-2)(11-1)
	四日市市が一部の喘息患者に医療費の補填	(3-4)(12-3)
	厚生省に公害課設置	(3-4)(12-2)
	横浜市で公害防止を求める世論が高まる。横浜市が新しい電源立地に対して公害対策の申入、会社側が受入。	(3-5)
	日本がOECDに加入	(6-4)(10-2)
1965	全国の898地区、127,000haで水質汚濁による農作物被害	(2-6)
	千葉県市原市で「なし」の果皮の変色等被害	(2-6)
	静岡県田子の浦港でしゅんせつ中に硫化水素発生事件	(2-6)
	新潟市で大気汚染によるチューリップ、野菜等への被害	(2-6)
	「四日市市公害関係医療審査会」により医療費の救済制度を開始	(3-4)(4-3)
	「公害防止事業団法」制定	(4-5)
	ごみの排出量1,600万トン／年、焼却処理量38%	(7-1)
	浄化槽処理人口約630万人、人口比約6%	(7-1)
	一次エネルギー供給量約1億7,000万トン（原油換算）／年	(2-1)
	経団連「公害政策に関する意見」発表	(11-1)
1965〜66	当時の野党、社会党、民主社会党から公害対策基本法案が提出されたが不成立	(3-6)
1965〜71	通産省、厚生省が公害に係る事前調査実施	(8-1)
1966	公害苦情について初の全国集計、20,502件	(2-7)
	新潟県が水俣病要観察者に医療費等の支給	(3-4)
	総理大臣が公害対策基本法の必要性を発言	(3-6)
	鳥取県大山で開かれた国立公園大会で自然保護憲章制定促進決議	(6-3)
	全公害防止装置生産額340億円／年	(11-3)

年	できごと	本文記載（章-節）
1960年代後半から	都市ごみにプラスチック混入増、ごみ発熱量増加、産業廃棄物増加	(7-1)
1960年代後半	この頃に製造業の公害防止投資が400億円から4,000億円に急増	(11-3)
1967	新潟水俣病提訴、1971地裁判決・確定	(3-3)(4-3)
1967	四日市喘息訴訟提訴、1972地裁判決・確定	(3-3)(4-3)
1967	通産省「立地公害部」、厚生省「公害部」にそれぞれ昇格	(3-4)(12-2)
1967	「公害対策基本法」制定	(3-6)(4-6)(4-7)(5-1)(11-1)(12-1)
1967～70	四大公害裁判提訴	(3-3)
1968	水俣における新日本チッソのアセトアルデヒド工場生産停止	(2-4)
	富士市、富山市、和歌山市などで大気汚染による水稲被害	(2-6)
	水俣病の原因等に関する政府統一見解発表	(3-1)(4-3)
	イタイイタイ病裁判提訴、1972控訴審判決	(3-3)
	富山県がイタイイタイ病患者、要観察者に医療救済	(3-4)(12-3)
1968～70	群馬県安中市の東邦亜鉛工場の変更申請に係る紛争	(3-2)
1969	「大気汚染防止法」、「騒音規制法」制定	(4-1)(4-2)(11-2)(12-2)
	全国の1,500地区、182,000haで水質汚濁による農作物被害	(2-6)
	地方裁判所で争われていた公害に係る損害賠償事件は訴訟186件、調停47件	(2-7)
	「公害健康被害の救済に関する特別措置法」制定	(3-1)(5-2)
	横浜市が主要な立地企業と公害防止協定を締結。「横浜方式」と呼ばれる。	(3-5)
	「公害に係る健康被害の救済に関する特別措置法」制定（1973「公害健康被害補償法」制定時に廃止）	(4-1)(4-3)
	公害対策基本法による最初の公害防止計画の策定指示（1970策定）	(4-4)
	アメリカ国家環境政策法による環境影響評価制度	(4-7)(8-1)
	東京都の産業廃棄物排出量（推計）3,477万トン／年	(7-1)
1969～81	大阪（伊丹）空港騒音訴訟、1981年最高裁判決	(3-3)
1960年代末～79	南アルプススーパー林道建設をめぐる論争、1979年に完成。この頃にその他にも開発と自然保護をめぐる紛争発生。	(2-8)(6-1)

【1970年代】

年	できごと	本文記載 （章－節）
1970	住民反対運動で電力立地に係る着工遅れ約400万kw、各地で工業用地買収失敗	(3-2)
	地方裁判所で争われていた訴訟、調停等266件	(3-3)
	全都道府県に公害担当課（室）設置	(3-4)(12-3)
	総理大臣を本部長とする「公害対策本部」設置	(3-4)(4-1) (12-2)
	この頃に全国の公害防止協定締結数497	(3-5)
	「公害紛争処理法」制定	(4-1)(4-3) (5-6)(5-7) (12-2)
	「公害国会」開催される。14の法律の制定、改正がなされた。	(4-1)
	「公害対策基本法」改正、「水質汚濁防止法」、「公害防止事業費事業者負担法」制定	(4-2)(4-4) (4-7)(11-1) (11-2)(12-2)
	「廃棄物の処理及び清掃に関する法律」(通称「廃棄物処理法」)制定（1954「清掃法」廃止）	(4-7)(7-2) (12-2)
	ごみの排出量2,800万トン／年、焼却処理量55%	(7-1)
	下水処理人口約1,600万人・人口比16%、浄化槽処理人口約1,040万人・人口比約10%	(7-1)
	一次エネルギー供給量約3億2,000万トン（原油換算）／年、GDP4,500ドル／人・年	(2-1)
	自動車騒音規制を行う「騒音規制法」改正	(11-2)
	自動車保有台数1,653万台	(11-2)
	米国の大気浄化法改正法（通称「マスキー法」）	(11-2)
1971	新潟水俣病地裁判決・確定	(3-3)(4-3)
	熊本水俣病裁判提訴、1973判決	(3-3)
	県レベルの15自治体に試験分析機関設置	(3-4)
	環境庁発足	(3-4)(4-1) (12-2)
	「悪臭防止法」制定	(4-2)(12-2)
	湿地の保全のためのラムサール条約採択	(10-5)
	「特定工場の公害防止組織の整備に関する法律」制定	(11-2)
1972	四日市喘息訴訟地裁判決・確定	(3-3)(4-3)

年	できごと	本文記載 (章－節)
1972	イタイイタイ病裁判控訴審判決	(3-3)
	41都道府県において自然保護条例制定、「自然環境保全法」制定	(3-4)(4-7) (6-2)(6-7) (12-1)(12-2) (12-3)
	大気汚染防止法、水質汚濁防止法の改正により無過失責任を規定	(4-7)(11-2)
	閣議了解「各種公共事業に係る環境保全対策について」により環境アセスメントを実施するようになった	(4-7)(8-1) (8-2)
	「人間環境会議」開催	(4-7)(7-3) (9-2)(10-2) (10-5)
	「自然保護憲章制定促進協議会」が自然保護憲章試案を発表	(6-3)
	「特殊鳥類の譲渡等の規制に関する法律」制定（1992年「種の保存法」制定時に廃止）	(6-2)(12-2)
	ローマクラブによる「成長の限界」発表	(9-2)
	「南極アザラシ条約」採択	(10-5)
	OECDが汚染者負担の原則（P.P.P.原則）を発表	(11-2)
1972〜73	地方自治体が独自の大気汚染総量規制	(4-2)
1973	水俣湾に魚の出入りを妨げる仕切り網設置	(2-1)
	日光東照宮地内の道路計画について事業認定取消判決（日光太郎杉事件）	(2-8)(6-1)
	自然環境保全法に基づく「自然環境保全基本方針」閣議決定	(6-3)
	水俣病訴訟（水俣関係）判決	(3-1)(4-3)
	「公害健康被害補償法」制定（1987「公害健康被害の補償等に関する法律」に改正）	(3-1)(4-3) (5-2)(11-2) (12-2)
	熊本水俣病裁判判決	(3-3)
	「瀬戸内海環境保全臨時措置法」制定（1978「瀬戸内海環境保全特別措置法」に改正）	(4-2)
	「公害健康被害補償法」制定（1987「公害健康被害の補償等に関する法律」に改正・改称）	(4-1)
	ワシントン条約採択（1980日本について発効）	(6-6)(10-5)
	港湾法、公有水面埋立法による環境影響評価制度導入	(8-2)
	「瀬戸内海環境保全臨時措置法」制定、同法により環境影響評価についての事前評価書の添付義務づけ（同法は1978「瀬戸内海環境保全特別措置法」に改正・改称）	(8-2)

年	できごと	本文記載 (章－節)
1973	第一次石油危機	(9-1)
	JICA研修コース「環境行政コース」にアジア諸国からの研修生を受入（環境分野の技術協力の始まり）	(10-3)
1973～75	北海道による苫小牧東部開発（第1期）に関する環境影響評価実施	(8-2)
1973～76	北海道伊達火力発電所計画訴訟、1976年最高裁判決、漁民側敗訴	(6-1)
1974	国立公害研究所発足（1990環境研究所に改称、2002年から独立行政法人）	(3-4)
	大気汚染防止法を改正して総量規制制度導入	(4-2)
	トキ、アホウドリなど12種を保護増殖対策の対象鳥獣とする環境庁報告	(6-1)
	福井新港・工業地帯建設に関係する国立公園解除と関係訴訟、地裁が主張を却下	(6-1)
	自然保護憲章制定国民会議準備委員会が組織され、憲章草案を策定、全国各地の協議員による自然保護憲章制定国民会議において「自然保護憲章」を採択	(6-3)
	アメリカの2人の研究者によるオゾン層オゾンの減少の予測論文	(9-4)
	全公害防止装置生産額7,000億円／年	(11-3)
1974～76	この頃に製造業の公害防止投資が1兆3,000～1兆5,000億円／年	(11-3)
1975	千葉・川鉄大気汚染訴訟提訴（1992和解）	(5-4)
	ごみの排出量4,200万トン／年、産業廃棄物排出2億3,600万トン／年	(7-1)
	GDP 4,500ドル／人・年、一次エネルギー供給量3億9,500t／年	(2-2)
	開発途上国に環境分野の専門家派遣（環境分野の最初の専門家派遣）	(10-3)
1976	「振動規制法」制定	(4-2)(12-2)
	川崎市が環境影響評価に関する条例制定	(8-1)(8-4)
1976～77	廃棄物に係る最終処分規制の強化、処分場技術基準の明確化など	(7-2)
1970年代後半から	産業廃棄物不法投棄問題多発、最終処分場が不足する事態となる	(7-2)
1970年代後半～97	地方自治体が環境影響評価に関する条例、要綱などを制定・実施、97年までに51団体	(8-1)(8-4)
1977	OECDによる日本の環境政策レビューレポート公表	(6-4)(10-2)
	通産省による発電所立地に関する環境影響評価制度の省議決定	(8-2)
	青森県が環境庁指針により「むつ小川原開発」に関する環境影響評価実施	(8-2)
1977～78	瀬戸大橋（児島・坂出ルート）環境アセスメント実施（1988完成・供用）	(6-1)(8-2)
1978	全国24地域の硫黄酸化物総量規制を実施	(4-2)
	大気汚染系公害健康被害補償地域41地域	(5-2)(5-3)

年	できごと	本文記載 (章－節)
1978	大阪・西淀川大気汚染訴訟提訴（1995 企業和解、1998 国・阪神公団和解）	(5-4)
	建設省が所管事業の環境影響評価実施を決定	(8-2)
	自動車排出ガスの大幅削減を図る規制施行	(11-2)
1978～79	この頃の人工的な海岸の割合 30 数％	(6-1)
	第二次石油危機	(9-1)
1979	ごみの最終処分量 2,000 万トン／年超	(7-1)
	運輸省が整備五新幹線について環境影響評価実施を決定	(8-2)
1979～81	豊前火力発電所計画訴訟、住民側敗訴（1979 地裁判決、1981 高裁判決など）	(6-1)
1970 年代末まで	1970 年代末までに全都道府県に公害センター、公害研究所などに類する機関設置	(3-4)

【1980 年代】

年／(月)	できごと	本文記載 (章－節)
1980	この頃までに全国の公害防止協定締結数 17,841 件	(3-5)
	ワシントン条約日本について発効	(6-6)
	ごみの排出量 4,400 万トン／年、焼却処理量 60％、産業廃棄物の排出量 2 億 9,200 万トン／年、産業廃棄物最終処分量 6,800 万トン／年	(7-1)
	下水処理人口約 3,500 万人・人口比 29％、浄化槽処理人口約 2,690 万人・人口比約 23％	(7-1)
	アメリカ政府が「西暦 2000 年の地球」公表	(9-2)
	環境庁が「地球的規模の環境問題に関する懇談会」を設置	(9-3)
1980～85	水俣病認定に関するいわゆる「水俣病訴訟」提訴	(5-5)
1980 年代	産業廃棄物不法投棄事件多発、処分場残余年数不足問題など	(7-3)
	全公害防止装置生産額 6,000～7,000 億円／年	(11-3)
1980～93	愛媛県織田が浜埋立計画関係訴訟等、1993 歳高裁判決など（埋立実施）	(6-1)
1981	「環境白書」に初めて地球環境問題を記述	(9-3)
1981～83	「環境影響評価法案」国会提出、1983 廃案	(4-7)(8-1) (8-2)
1982	川崎大気汚染訴訟提訴（1996 企業和解、1999 国・首都公団和解）	(5-4)
	「ナイロビ宣言」	(7-3)(9-2) (10-2)

年／（月）	できごと	本文記載（章－節）
1983	倉敷大気汚染訴訟提訴（1996和解）	(5-4)
	「国際熱帯木材協定」採択	(10-4)
1984	「ワシントン条約アジアセミナー」で日本に対する非難決議	(6-6)
	「環境影響評価実施要綱」閣議決定	(8-1)(8-2)
1984〜85	トルコ・アンカラ市の大気汚染に係る「開発調査」（環境分野の最初の開発調査）	(10-3)
1985	ごみの排出量4,340万トン／年、産業廃棄物排出量3億1,200万トン／年、産業廃棄物再資源化率42%	(7-1)
	「オゾン層保護のためのウィーン条約」（通称「ウィーン条約」）採択	(9-4)
	地球温暖化に関する科学的評価に関する「フィラハ会議」開催	(9-5)
1985〜86	OECDによる開発援助プロジェクトにおける環境配慮に関する勧告	(10-4)
1987	「公害健康被害補償法」を改正して大気系健康被害補償の新規認定を行わないなどとした。「公害健康被害の補償等に関する法律」に改称。	(5-3)
	「絶滅のおそれのある野生動植物の譲渡等の規制に関する法律」制定（1992「種の保存法」制定時に廃止）	(6-6)(10-5)(12-2)
	「環境と開発に関する世界委員会」報告書「Our Common Future」公表	(7-3)(9-2)(10-2)(11-4)
	「総合保養地整備法」（通称「リゾート法」）制定	(9-1)
	「ウィーン条約」に基づく「モントリオール議定書」採択	(9-4)
	「北九州国際技術協力協会」（1980設立）が環境分野の活動を始めた	(10-2)
1988	尼崎大気汚染訴訟提訴（1999企業和解、2,000国・阪神公団和解）	(5-4)
	「特定物質の規制等によるオゾン層の保護に関する法律」（通称「オゾン層保護法」）	(9-4)(12-2)
	制定 IPCC設置、第1回ジュネーブ会議	(9-5)
1989	名古屋大気汚染訴訟提訴（2001和解）	(5-4)
	この頃に日本のワシントン条約保留品目10品目	(6-6)
	全国のごみ処理費用1兆2,600億円、国民1人あたり約1万円	(7-4)
	日本政府と国連環境計画共催による「地球環境問題に関する東京会議」	(9-3)(10-2)
	地球温暖化に関する「ノルドベイク宣言」	(9-5)
	環境分野の円借款事業541億円	(10-3)
	「地球環境保全に関する施策について（閣議申合せ）」において政府開発援助における環境配慮の指摘	(10-4)
	海外経済協力基金（OECF）による「環境配慮のためのガイドライン」策定	(10-4)
	「環境に責任を持つ経済活動のための協会」が「バルディーズ原則」を発表（1992「ゼリーズ原則」に改称）	(11-4)

【1990年代】

年／（月）	できごと	本文記載（章－節）
1990	この頃までに全国の公害防止協定数 35,256 件	(3-5)
	世界自然保護連合総会で日本にワシントン条約対応に関する勧告	(6-6)
	ごみの排出量 5,000 万トン／年超え、焼却処理量 74％、ごみのリサイクル率、5.3％、ごみの最終処分量 1,680 万トン／年、産業廃棄物排出量 3 億 9,500 万トン／年、産業廃棄物再資源化率 38％、産業廃棄物最終処分量約 9,000 万トン／年	(7-1)
	下水処理人口 4,780 万人・人口比 39％、浄化槽処理人口約 3,360 万人・人口比 27％	(7-1)
	一次エネルギー供給量 5 億 2,500 万kℓ／年	(9-1)
	日本政府「地球温暖化防止行動計画」策定	(9-5)
	日本の温室効果ガス排出量（基準年排出量）1,233.1 百万トン／年	(9-5)
	通産省・三重県・四日市市による「国際環境技術移転研究センター」設置	(10-2)
1990〜99	JICA による環境調査ガイドライン、99 年度までに 20 分野のガイドラインを策定	(10-4)
1990〜	1990 からタイの「タイ国環境研究センター」（技術協力プロジェクト）を始めた。この後技術協力プロジェクトを行うようになった。	(10-3)
1991	廃棄物処理法改正、減量・分別・リサイクルの考え方を追加、「特別管理廃棄物」の規制導入	(7-2)(7-3)(12-2)
	「再生資源の利用の促進に関する法律」制定（2000「資源の有効な利用の促進に関する法律」に改正・改称）	(7-3)
	「経団連地球環境憲章」公表	(9-3)(11-4)
	ドイツ、ヴッパータール研究所が「ファクター10」を提唱	(11-4)
1992	千葉・川鉄大気汚染訴訟和解	(5-4)
	「水俣病総合対策事業」の実施決定	(5-5)
	「絶滅のおそれのある野生動植物の種の保存に関する法律」制定	(6-6)(10-5)(12-2)
	「国連環境開発会議」開催	(6-7)(7-3)(9-3)(9-5)(10-2)(10-5)(12-1)
	「気候変動枠組条約」採択	(9-5)
	「森林原則声明」採択	(10-5)
	「限界を超えて」公表	(9-2)
	「国連環境計画（UNEP）国際環境技術センター」（大阪市、大津市）設立	(10-2)

年／(月)	できごと	本文記載 (章－節)
1992	「政府開発援助大綱」発表	(10-2)
1993	「環境基本法」制定	(4-2)(4-7) (7-3)(8-3) (10-2)(10-4) (12-1)
	「生物多様性条約」発効	(6-7)(10-5)
	全公害防止装置生産額1兆5,000億円超	(11-3)
1994	OECDによる日本の環境政策レビュー（2回目）公表	(6-4)(10-2)
	環境基本法に基づく「環境基本計画」策定	(6-7)(12-1)
1995	大阪・西淀川大気汚染訴訟、企業和解	(5-4)
	「水俣病訴訟」の政治的解決・和解（「関西訴訟」については和解せず）	(5-5)
	ごみのリサイクル率9.9%	(7-1)
	「容器包装の分別収集及び再商品化の促進等に関する法律」（通称「容器包装法」）制定	(7-3)(12-2)
	「地方分権推進法」制定	(12-3)
1995～97	水俣湾に設けられていた魚の出入りを妨げる仕切り網を除去	(2-1)
1995～	この頃以降環境分野のODAが増加した。1990年代後半に4,000億円、全ODAの30%程度	(10-3)
1996	川崎大気汚染訴訟、企業和解	(5-4)
	倉敷大気汚染訴訟、和解	(5-4)
	東京大気汚染訴訟提訴（2004地裁判決）	(5-4)
	「生物多様性国家戦略」策定（2002「新生物多様性国家戦略」策定）	(6-7)
	経団連「経団連環境アピール」を発表	(11-4)
	ISOが環境管理に関する国際規格「ISO14001」を発行	(11-5)
1997	「環境影響評価法」制定	(4-7)(8-1) (8-3)(8-5)
	廃棄物処理法改正、産業廃棄物のマニュフェスト制度全面適用、廃棄物処理施設設置について環境影響評価制度導入、罰則強化等	(7-2)
	廃棄物処理法政令改正、すべての処分場を規制対象にするなど	(7-2)
	気候変動枠組条約締約国会議が温室効果ガス排出抑制に係る「京都議定書」採択	(9-5)
	「環境開発支援構想（ISD）」宣言、「京都イニシアティブ」発表	(10-2)
1998	大阪・西淀川大気汚染訴訟、国・阪神公団和解	(5-4)
	「特定家庭用機器再商品化法」制定	(7-3)(9-4) (12-2)

年／（月）	できごと	本文記載 （章－節）
1998	「地球温暖化対策推進大綱」を決定	(9-5)
	「地球温暖化対策の推進に関する法律」制定	(9-5)
	神奈川県に「地球環境戦略研究機構」設立	(10-2)
1999	川崎大気汚染訴訟、国・首都公団和解	(5-4)
	尼崎大気汚染訴訟、企業和解	(5-4)
	この頃までに閣議決定要綱・個別法等により実施された環境影響評価件数約1,500件、都道府県条例等による実施件数約1,800件	(8-3) (8-4)
	神戸市に「アジア太平洋地域地球変動研究ネットワーク」設立	(10-2)
	「政府開発援助に関する中期計画」発表、環境配慮について言及	(10-4)
	「ダイオキシン類対策特別措置法」制定	(12-2)

【2000年代】

年	できごと	本文記載 （章－節）
2000	遺伝子組換え生物に係る「カルタヘナ議定書」採択（2003発効）	(6-7)
	環境基本計画改定	(6-7)
	ごみの最終処分量1,050万トン／年、産業廃棄物再利用45％、産業廃棄物の最終処分量4,500万トン／年	(7-1)
	「循環型社会形成推進基本法」制定	(7-2) (7-4) (12-2)
	「食品循環資源の再生利用等の促進に関する法律」制定	(7-3) (12-2)
	「建設工事に係る資材の再資源化等に関する法律」制定	(7-3) (12-2)
	一次エネルギー供給量6億300万kl／年	(9-1)
	日本の温室効果ガスの排出量1,331.6百万トン／年	(9-5)
	「持続可能な開発のための環境保全イニシアティブ（EcoISD）」発表	(10-2)
2001	名古屋大気汚染訴訟和解	(5-4)
	全国のごみ処理費用2兆6,030億円、国民1人当たり約2万円	(7-4)
	この頃までに都道府県等地方自治体が環境影響評価法制定に対応した環境影響評価条例を制定	(8-3) (8-4)
	「特定製品に係るフロン類の回収及び破壊の実施の確保等に関する法律」（通称「フロン回収破壊法」）制定	(9-4) (12-2)
	環境庁が「環境省」に昇格	(12-2)
2002	気候変動枠組条約締約国会議「マラケシュ合意」	(9-5)

年	できごと	本文記載 (章－節)
2002	「新生物多様性国家戦略」策定	(6-7) (10-5)
	「自然再生推進法」制定	(6-7) (12-2)
	下水処理人口約7,600万人・人口比60%、浄化槽処理人口4,655万人・人口比34%	(7-1)
	ごみのリサイクル率15.9%	(7-1)
	「使用済自動車の再資源化に関する法律」制定	(7-3) (9-4) (12-2)
	新「地球温暖化防止大綱」策定	(9-5)
	OECDによる日本の環境政策レビュー（3回目）公表	(10-2)
	「経済財政運営と構造改革に関する基本方針2000」において環境産業の活性化を指摘	(11-3)
2002〜03	国際協力銀行（JBIC）の環境ガイドライン策定・実施	(10-4)
2003	この頃までに地方景観条例は都道府県による30条例、450市町村による494条例制定	(6-4)
	「遺伝子組換え生物等の規制による生物多様性の確保に関する法律」制定	(6-7)
	ごみの焼却処理量81%	(7-1)
	「循環型社会形成推進基本法」に基づく「循環型社会形成推進基本計画」策定	(7-4)
	「政府開発援助大綱」改定	(10-2)
2004	東京大気汚染訴訟地裁判決	(5-4)
	水俣病訴訟「関西訴訟」について国・県にも責任を認める最高裁判決	(5-5)
	この頃までに21府県が「法定外目的税」として産業廃棄物最終処分課税	(7-4)
	「景観法」制定	(6-4) (12-3)
	「JICA環境社会配慮ガイドライン」発表	(10-4)
	経団連「環境立国のための3つの取組」宣言	(11-4)
	「環境情報の提供の促進等による特定事業者等の環境に配慮した事業活動の促進に関する法律」制定	(11-5)
2005	「特定外来生物による生態系等に係る被害の防止に関する法律」制定	(6-7)
	温室効果ガス排出抑制に係る「京都議定書」発効	(9-5)
	「京都議定書目標達成計画」閣議決定	(9-5)

参考図書・引用文献等

【第1章】

東京都（2000）「東京都清掃事業百年史」

日本下水道協会（1989）「日本下水道史総集編」

環境省編（2001）「平成13年版循環型社会白書」

東京都公害研究所（1970）「公害と東京都」

環境省編（2002）「平成14年版循環型社会白書」

浅川照彦（1967）「大気汚染の実態と公害対策」昭晃堂

三浦豊彦（1975）「大気汚染からみた環境破壊の歴史」労働科学研究所

下森定（1994）「大阪アルカリ事件」（『ジュリスト』No.126）

河合研一（1971）「多木肥料工業事件」（『公害判例ハンドブック』日本評論社）

石井監修（2002）「20世紀の環境史」産業環境管理協会

柴田徳衛（1961）「日本の清掃問題」東京大学出版会

環境庁（1982）「環境庁十年史」

沼田（1976）「自然保護の生態学的諸問題」（沼田編『自然保護ハンドブック』東京大学出版会）

宮崎（1976）「保安林」（沼田編『自然保護ハンドブック』東京大学出版会）

林野庁ホームページ「保護林」 http://www.kokuyurinn.maff.go.jp/

柳沢（1976）「鳥獣保護区」（沼田編『自然保護ハンドブック』東京大学出版会）

品田（1976）「天然記念物」（沼田編『自然保護ハンドブック』東京大学出版会）

糸賀（1976）「自然公園」（沼田編『自然保護ハンドブック』東京大学出版会）

近辻宏帰監修（2002）「トキ・永遠なる飛翔」ニュートンプレス

【第2章】

環境庁（1982）「環境庁十年史」

環境省編（2004）「平成16年版環境統計表」

東京都公害研究所編（1970）「公害と東京都」

環境省編（2005）「平成17年版環境統計集」

環境省編（2002）「平成14年版循環型社会白書」

東京都（2000）「東京都清掃事業百年史」

環境省編（2002）「環境基本法の解説」ぎょうせい

平野（2005）「現代日本の環境法・環境政策と環境紛争の出発点」日本評論社
橋元・蔵田（1967）「公害対策基本法の解説」新日本法規出版
産業環境管理協会（2002）「20世紀の環境史」
総理府・厚生省編（1969）「昭和44年版公害白書」
総理府・厚生省編（1970）「昭和45年版公害白書」
総理府・厚生省編（1971）「昭和46年版公害白書」
各年版「日本統計年鑑」
三浦（1975）「環境破壊の歴史」
総理府・厚生省編（1969）「昭和44年版公害白書」
国際環境技術移転研究センター（1992）「四日市公害・環境改善の歩み」
小野（1971）「四日市公害の10年の記録」
宇井（1968）「公害の政治学」三省堂
水俣市（1994）「水俣病のあらまし」
水俣病資料館「発病者数の推移」
熊本大学医学部水俣病研究班（1966）「水俣病・有機水銀中毒に関する研究」
新潟県（1979）「阿賀野川水銀汚染総合調査報告書」
萩野（1968）「イタイイタイ病との闘い」朝日新聞社
イタイイタイ訴訟弁護団（1972）「イタイイタイ病裁判・第三巻」総合図書
神岡町（1975）「神岡町史・史料編中巻（鉱山関係史料）」
小林（1971）「水の健康診断」岩波書店
岡山県（1971）「岡山県環境保全概要：昭和46年10月」
岡山県農業試験場（1973）「岡山農試研究年報・昭和48年度」
岡山県（1976）「岡山県・環境保全の概要：昭和51年10月」
岡山県（1968）「岡山県公害概要：昭和43年3月」
国土交通省編（2005）「平成17年版土地白書」
農林省農地局監修（1969）「農業と公害」地球出版
環境庁（1982）「環境庁十年史」
環境庁編（1974）「昭和49年版環境白書」
環境庁編（1982）「昭和57年版環境白書」
環境庁編（1980）「昭和55年版環境白書」
環境省編（2006）「平成18年版環境統計集」
判例大系刊行委員会（2001）「環境・公害判例7」旬報社

【第3章】

環境庁（1982）「環境庁十年史」
総理府・厚生省編（1969）「昭和44年版公害白書」
水俣市（1994）「水俣病のあらまし」
熊本県（1998）「水俣湾環境復元事業の概要」
飯島編著（1979）「公害・労災・職業病年表」
大塚（1970）「安中における公害と反公害運動」『特集・公害　ジュリストNo.458』有斐閣
総理府・厚生省編（1971）「昭和46年版公害白書」
西岡（1970）「三島・沼津・清水2市1町石油コンビナート反対運動」『特集・公害　ジュリストNo.458』有斐閣
総理府・厚生省（1970）「昭和45年版公害白書」
戸引（1970）「公害防止条例－その全国的概観と問題点」『特集・公害　ジュリストNo.458』有斐閣
伊藤（1994）「利川製鋼事件（ジュリストNo.126）」『公害・環境判例100選　別冊ジュリストNo.126』有斐閣
牛山（1994）「麻ロープ製造工場事件」『（同上）』有斐閣
副田（1994）「清水板金製作所事件」『（同上）』有斐閣
澤井（1994）「大阪国際空港事件」『（同上）』有斐閣
環境庁編（1972）「公害保健読本」中央法規
環境庁編（1973）「昭和48年版環境白書」
東京都公害研究所（1970）「公害と東京都」
国際環境技術移転研究センター（1992）「四日市公害・環境改善の歩み」
環境庁編（1972）「昭和47年版環境白書」
鳴海（1970）「企業との公害防止協定－横浜方式」『特集・公害　ジュリストNo.458』有斐閣
環境庁編（1982）「昭和57年版環境白書」
環境庁編（1991）「平成3年版環境白書」
橋本・蔵田（1967）「公害対策基本法の解説」新日本法規出版

【第4章】

橋本（1988）「私史環境行政」朝日新聞社
1967年2月23日付け産経新聞
環境庁（1982）「環境庁十年史」
公害審議会（1966）「公害に関する基本的施策について（1966年11月7日答申）」
橋本・蔵田（1967）「公害対策基本法の解説」新日本法規出版

総理府・厚生省編（1970）「昭和45年版公害白書」
環境庁編（1972）「昭和47年版環境白書」
総理府・厚生省編（1971）「昭和46年版公害白書」
渡辺「自治体による公害行政の課題」『特集・公害　ジュリストNo.458』
環境庁編（1976）「昭和51年版環境白書」
環境省編（2005）「平成17年版環境白書」
井上（1994）「阿賀野川・新潟水俣病事件第一次訴訟」『公害・環境判例100選ジュリストNo.126』

【第5章】
環境庁（1974）「昭和49年版環境白書」
安部（2004）「日韓の環境に対する国民世論の変遷について」
環境庁（1982）「環境庁十年史」
山本編（1972）「公害保健読本」中央法規
中央公害対策審議会答申（1973）「公害に係る健康被害損害賠償補償制度について（1973年4月5日）」
環境庁（1988）「改正公健法ハンドブック」エネルギージャーナル社
環境省（2005）「平成17年版環境白書」
中央公害対策審議会（1986）「公害健康被害補償法第一種地域のあり方等について（1986年10月30日）」
中央公害対策審議会環境保健部会専門委員会（1987）「大気汚染と健康被害との関係の評価等に関する専門委員会報告（1987年4月）」
中央公害対策審議会（1991）「今後の水俣病対策について（1991年11月26日）」
環境省編（2004）「平成16年版環境白書」
チッソ水俣病関西訴訟ホームページ「最高裁判所判決文」http://www.odn.ne.jp/
環境省（2004）「水俣病訴訟最高裁判決に係る環境大臣談話（2004年10月15日）」
公害等調整委員会編（2004）「平成16年版公害紛争処理白書」
千葉大学医学部（千葉県環境部委託調査）（1992〜1997）「自動車排出ガスによる健康への長期的影響についての基礎的研究」

【第6章】
環境庁編（1978）「昭和53年版環境白書」
環境庁編（1982）「昭和57年版環境白書」
環境庁編（1980）「昭和55年版環境白書」

環境省編（2006）「平成18年版環境統計集」
環境庁編（1996）「平成8年版環境白書総説」
環境庁編（1981）「昭和56年版環境白書」
環境庁編（1979）「昭和54年版環境白書」
国土交通省編（2005）「平成17年版土地白書」
環境庁編（2004）「平成16年版環境白書」
環境庁（1982）「環境庁十年史」
浜（1974）「日光太郎杉事件」『公害・環境判例　ジュリストNo.43』有斐閣
環境庁編（1980）「昭和49年版環境白書」
判例大系刊行委員会（2001）「環境・公害判例7」旬報社
環境庁編（1973）「昭和48年版環境白書」
総理府告示（1973）「自然環境保全基本方針（1973年11月6日）」
沼田（1998）「自然保護憲章」『自然保護ハンドブック』朝倉書店
自然保護憲章制定国民会議（1974）「自然保護憲章（1974年6月5日）」
OECD（環境庁監修）（1978）「日本の経験・環境政策は成功したか」日本環境協会
石原慎太郎（1977）「序・日本は快適か？」『日本は快適か』日本環境協会
浅野ほか（2005）「景観行政における都道府県の役割」『景観法と景観まちづくり』学芸出版社
景観法研究会編（2004）「景観法」ぎょうせい
磯村監修（1972）「人間都市への復権」ぎょうせい
磯村監修（1972）「広がる文化行政」ぎょうせい
「ジュリスト総合特集・全国まちづくり集覧」（1977）有斐閣
OECD（環境庁・外務省監訳）（1994）「OECDレポート日本の環境政策」
環境庁編（2005）「平成17年版環境統計集」
環境庁編（2000）「平成12年版環境白書総説」
環境省編（2005）「平成15年版環境白書」
環境庁（1991）「環境庁二十年史」
外務省ホームページ「ワシントン条約」 http://www.mofa.go.jp/
環境省編（2002）「新生物多様性国家戦略」ぎょうせい
環境省（2005）「平成17年版環境白書」

【第7章】

東京都（2000）「東京都清掃事業百年史」
環境省（2005）「平成17年版環境統計集」
地球環境法研究会（2003）「ナイロビ宣言」『地球環境条約集第4版』中央法規

地球環境法研究会（2003）「人間環境宣言」『地球環境条約集第4版』中央法規
環境と開発に関する世界委員会（大来監修）（1987）「地球の未来を守るために Our Common Future」福武書店
環境省（2005）「平成17年版循環型社会白書」
農林水産省（2004）「食品リサイクルの現状（2004年5月）」
環境省ホームページ「食品リサイクル法の仕組み」 http://www.env.go.jp/
環境省（2001）「平成13年版循環型社会白書」
官庁報告（2001）「食品循環資源の再生利用等の促進に関する基本方針（2001年5月30日）」
環境省（2002）「平成14年版循環型社会白書」
農林水産・経済産業・国土交通・環境省告示（2001）「特定建設資材に係る分別解体等及び特定建設資材廃棄物の再資源化等の促進等に関する基本方針（2001年1月17日）」
環境省（2004）「平成16年版循環型社会白書」
環境省（2003）「平成15年版循環型社会白書」
日本下水道協会（1989）「日本下水道史総集編」
環境省（2001）「平成13年版環境白書」

【第8章】
環境省編（1975）「昭和50年版環境白書」
総理府・厚生省編（1971）「昭和46年版公害白書」
原科（1994）「環境アセスメント」放送大学教育振興会
環境省（1982）「環境庁十年史」
井上（1995）「瀬戸大橋鉄道騒音問題の顛末に見る環境影響評価制度の欠点と今後への考察」『資源環境対策』Vol.31、No.13
瀬川（1991）「環境影響評価」『平成3年版・公害関係法令解説集』ぎょうせい
環境省（1999）「環境影響評価法の解説」
環境省編（2001）「平成13年版環境白書」
環境アセスメント研究会編（2002）「2002年版日本の環境アセスメント」
環境省編（2005）「平成17年版環境白書」
日本環境アセスメント協会（2003）「日本の環境アセスメント史」
環境アセスメント研究会（2000）「わかりやすい戦略的環境アセスメント」

【第9章】
環境庁（1982）「環境庁十年史」
環境庁（1991）「環境庁二十年史」

各年版「日本統計総覧」
資源エネルギー庁（2002）「平成13年版総合エネルギー統計」通商産業研究社
環境省（2005）「平成17年版環境統計集」
国土交通省編（2004）「平成16年版日本の水資源」
地球環境法研究会（2003）「地球環境条約集第4版」中央法規
メドウズ他・大来監訳（1972）「成長の限界」ダイヤモンド社
メドウズ他・茅監訳（1992）「限界を超えて」ダイヤモンド社
アメリカ合衆国政府（逸見・立花監訳）（1980）「西暦2000年の地球・人口・資源・食糧編」家の光協会
アメリカ合衆国政府（逸見・立花監訳）（1980）「西暦2000年の地球・環境編」家の光協会
環境と開発に関する世界委員会（大来監修）（1987）「Our Common Future（我ら共有の未来）」福武書店
地球的規模の環境問題に対する懇談会（1980）「地球的規模の環境問題に対する取組の基本的方向について（1980年12月30日）」
地球的規模の環境問題に対する懇談会（1988）「地球環境問題への我が国の取組－日本の貢献・より良い地球環境を目指して－（1988年6月17日）」
外務省編（1991）「地球環境保全に関する東京会議・議長サマリー（1989年9月13日）」『地球環境問題宣言集』
経団連ホームページ（1991）「経団連地球環境憲章」http://www/keidanren.or.jp/
安部（2004）「日韓の環境に対する国民世論の変遷について」
環境省（2002）「2000年度の温室効果ガス排出量等について（平成14年7月19日）」
閣議決定（2005）「京都議定書目標達成計画（平成17年4月28日閣議決定）」

【第10章】

JICA（1999）「国際協力事業団25年史」
外務省編（2004）「2004年版政府開発援助白書－日本のODA50年の成果と歩み－」
環境庁（1982）「環境庁十年史」
環境庁（1991）「環境庁二十年史」
環境と開発に関する世界委員会（大来監修）（1987）「Our Common Future（我ら共有の未来）」福武書店
外務省（1991）「地球環境問題宣言集」
OECD（1975）「汚染者負担の原則」（産業公害科学研究所）
OECD（1991）「OECDレポート・日本の環境政策」中央法規
OECD（2002）「OECDレポート・日本の環境政策」中央法規

JICA（2001）「第 2 次環境分野別援助研究会報告書」
閣議決定（1992）「政府開発援助大綱（1992 年 6 月 30 日）」
環境省報道発表資料（1997）「国連環境開発特別総会における橋本総理大臣演説」（平成 9 年 6 月 24 日）
外務省ホームページ（1997）「21 世紀に向けた環境開発支援構想（ISD）京都イニシアティブ（温暖化対策途上国支援）」http://www.mofa.go.jp/
外務省ホームページ（2003）「政府開発援助大綱」http://www.mofa.go.jp/
環境省（2002）「平成 14 年版環境白書」
国際開発学会環境 ODA 評価研究会（2003）「環境センターアプローチ：途上国における社会的環境管理能力の形成と環境協力」
環境省ホームページ（2006）「持続可能な開発に向けた国際環境協力」http://www.mofa.go.jp/
OECD（OECF 訳）（1985）「環境援助プロジェクト及びプログラムに係る環境アセスメントに関する OECD 理事会勧告」
OECD（OECF 訳）（1986）「環境援助プロジェクト及びプログラムに係る環境アセスメントの促進に必要な施策に関する理事会勧告」
地球環境保全に関する関係閣僚会議申合せ（1989）「地球環境保全に関する施策について」（1989 年 6 月 30 日）
海外経済協力基金（1995）「海外経済協力基金年次報告書・1995」
海外経済協力基金（1995）「環境配慮のための OECF ガイドライン・第 2 版」
国際協力銀行（2002）「環境社会配慮確認のための国際協力銀行ガイドライン・平成 14 年 4 月」
環境庁（1993）「平成 5 年版環境白書各論」
外務省ホームページ（1999）「政府開発援助に関する中期政策」http:// mofa.go.jp/
JICA（2004）「JICA 環境配慮ガイドライン（2004 年 4 月）」
地球環境法研究会（2003）「地球環境条約集第 4 版」中央法規
林野庁ホームページ（2000）「林野庁仮訳　ITTO 目標 2000」http://www.rinya.maff.go.jp/
林野庁ホームページ（2001）「第 31 回国際熱帯木材機関（ITTO）理事会結果について」http://www.rinya.maff.go.jp/
環境省ホームページ「ラムサール条約と登録湿地」http://www.env.go.jp/

【第 11 章】
橋本・蔵田（1967）「公害対策基本法の解説」新日本法規出版

西岡（1970）「三島・沼津・清水2市1町石油コンビナート反対運動」『特集・公害　ジュリスト No.458』有斐閣
経済団体連合会（1966）「公害政策の基本的問題点についての意見」
経済団体連合会（1967）「公害対策基本法案要綱に関する要望」
産業構造審議会（1966）「産業公害対策のあり方について」
橋本（1988）「私史環境行政」朝日新聞社
環境庁（1994）「環境基本法の解説」ぎょうせい
OECD（産業公害科学研究所訳）（1975）「汚染者負担の原則」
環境庁（1977）「昭和52年版環境白書」
OECD（環境庁訳）（1977）「日本の経験・環境政策は成功したか」清文社
船後（1972）「公害に係る無過失損害賠償責任法」ぎょうせい
JICA（2004）「日本の産業公害対策経験」
環境庁（1997）「日本の大気汚染経験」公害健康被害補償予防協会
OECD（環境庁・外務省訳）（1991）「日本の環境政策」中央法規
OECD（環境庁・外務省訳）（2002）「日本の環境政策」中央法規
地球環境経済研究会（1991）「日本の公害経験」合同出版
閣議決定（2002）「経済財政運営と構造改革に関する基本方針2002」
環境と開発に関する世界委員会（大来監修）（1987）「Our Common Future（われら共有の未来）」（日本語訳の書名は「地球の未来を守るために」）福武書店
地球環境法研究会（2003）「地球環境条約集第4版」中央法規
経団連ホームページ（1991）「経団連地球環境憲章」　http://www/keidan-ren.or.jp/
環境庁（1999）「平成11年版環境白書」
経団連ホームページ（1996）「21世紀の環境保全の向けた経済界の自主行動宣言」　http://www/leodanren.or.jp/
経団連ホームページ（2004）「環境立国のための3つの取り組み」　http://www/keidanren.or.jp/
日本規格協会ホームページ（2006）「ISO14001審査登録状況」　http://www.jsa.or.jp/
日本規格協会（2004）「環境マネージメントシステム－要求事項及び利用の手引」
國部・冨増・リサイクルセンター編（2000）「環境会計」省エネルギーセンター
環境庁「環境会計システムの確立に向けて・2000年報告」
環境省（2005）「平成16年度環境にやさしい企業行動調査結果」
小林「企業経営への環境視点の取り組み」（『かんきょう』2002年7月号）

【第12章】

環境庁（1994）「環境基本法の解説」
中央公害対策審議会・自然環境保全審議会答申（1992）「環境基本法制のあり方について」
大塚（2002）「環境法」有斐閣
環境庁（1982）「環境庁十年史」
戸引（1970）「公害防止条例－その全国的外観と問題点」『ジュリスト No.458 特集公害』有斐閣
山本編（1972）「公害保健読本」中央法規
環境庁編（1972）「昭和47年版環境白書」
環境庁編（1973）「昭和48年版環境白書」
景観法制研究会（2004）「概説景観法」ぎょうせい
環境省編（2004）「平成16年版環境白書」
環境省編（2003）「平成15年版環境白書」
総理府・厚生省編（1971）「昭和46年版公害白書」
環境庁編（1976）「昭和51年版環境白書」
国際協力機構（2004）「日本の産業公害対策経験」
環境庁編（1981）「昭和56年版環境白書」
環境省編（2005）「平成17年版環境統計集」
寺西（1994）「日本の環境政策に関する若干の省察」『開発と環境シリーズ4』アジア経済研究所
OECD（環境庁監修）（1978）「日本の経験・環境政策は成功したか」日本環境協会
田村（2006）「岡山県美星町の光害対策について－地域の光害対策の取組とそれが地域内外に及ぼした効果について」
環境省編（2002）「持続可能な地域づくりのためのガイドブック」ぎょうせい
アメリカ合衆国政府特別調査報告（1983）「西暦2000年の地球1・2」家の光協会

索　引

【A～Z】

EcoISD　　144
IPCC　　134
ISD構想　　144
ISO14001　　167
ITTO　　152
JBIC　　140, 147
JICA　　140
JICA環境社会配慮ガイドライン　　151
JICA環境配慮ガイドライン　　150
ODA　　140
OECDレポート　　89, 142, 159, 163
OECD開発援助アセスメント勧告　　149
OECF　　147
OECF環境配慮ガイドライン　　149
Our Common Future　　130
P.P.P.原則　　142, 157
SEA　　125
UNEP　　141

【あ】

阿賀野川　　25
浅野セメント降灰事件　　7
足尾鉱毒事件　　9
足尾銅山　　9
あっせん　　75
アメリカ国家環境政策法　　113, 114

【い】

異臭魚　　31, 37
イタイイタイ病　　26, 27, 42
一般廃棄物　　100

【う】

ウィーン条約　　133
上乗せ規制　　59

【え】

疫学　　9, 22, 23

【お】

大阪　　4, 22, 29
大阪アルカリ事件　　8
大阪空港　　40
汚染者負担の原則　　142, 157
オゾン層保護のためのウィーン条約　　133
オゾン層保護法　　134
汚物掃除法　　2, 3

【か】

海外経済協力基金　　147
開発援助と環境配慮　　149
開発調査　　146
開発と環境に関する世界委員会　　130
外来生物　　95
拡大事業者責任　　108
過失責任　　160
河川　　90
家電リサイクル法　　105, 134
神岡鉱山　　26
カルタヘナ議定書　　94
環境　　18
環境影響評価　　60, 102, 112
環境影響評価実施要綱　　117
環境影響評価法　　118

環境影響評価法案　114, 116
環境ODA　148
環境会計　168
環境基準　52
環境基本計画　172
環境基本法　18, 133, 143, 150, 171, 172
環境行政　177, 180
環境再生保全機構　57, 67
環境省　52, 177
環境政策　171
環境政策の形成過程　183, 190
環境政策評価　163
環境センター　147
環境庁　51, 177
環境に対する価値観　183
環境の保全　173
環境の保全上の支障の防止　173
環境配慮促進法　169
環境ビジネス　164
環境報告書　167
環境保全協定　179
環境マネジメント　167
環境立国のための3つの取り組み　166
環境立法　174
管理票制度　102

【き】

技術協力プロジェクト　146
共生　95, 96, 172, 194
京都イニシアティブ　144
京都議定書　135
京都議定書目標達成計画　137

【く】

熊本水俣病　42

群馬県安中市　38

【け】

計画アセスメント　125
景観保全　88
経済調和条項　49
経済的措置　58
経団連　155, 166
経団連環境アピール　166
経団連地球環境憲章　132
下水道　2
下水道法　2
限界を超えて　129
原生自然環境保全地域　90
原生流域　90
建設工事に係る資材の再資源化等に関する法律　106
建設資材（廃棄物）等リサイクル法　106
建築物用地下水の採取の規制に関する法律　29
憲法　18

【こ】

公害　52
公害規制　50, 53, 155
公害苦情　32, 39, 55, 78
公害健康被害の補償等に関する法律　66, 70
公害健康被害補償　67
公害健康被害補償法　64, 70
公害健康被害補償予防協会　67
公害国会　49, 51
公害審査会　74
公害訴訟　39
公害対策基本法　47, 48, 49, 52, 156, 172

公害対策基本法の限界　　59
公害対策本部　　51, 177
公害等調整委員会　　74
公害に係る健康被害の救済に関する特別措置法　　55, 64
公害被害救済　　54
公害紛争　　33, 35, 55, 74
公害紛争処理法　　55, 74, 77, 78
公害防止管理者　　158
公害防止協定　　45, 179
公害防止計画　　50, 56
公害防止事業団　　57
公害防止事業費事業者負担法　　56, 160
公害防止装置生産額　　162
公害防止投資　　161
公害未然防止費用効果　　164
工業開発地域事前調査　　112
工業整備特別地域　　16, 38
公共用水域の水質の保全に関する法律　　31, 35
工業用水法　　28, 29
工場排水等の規制に関する法律　　31, 35
港湾計画　　125
国際協力機構　　140
国際協力銀行　　140, 147
国際的取組　　172, 194
国際熱帯木材機関　　152
国際熱帯木材協定　　152
国際捕鯨取締条約　　152
国定公園　　90
国民　　182
国民意識　　62
国立公園　　90
国立公園法　　13
国連環境開発特別会合　　144

国連環境計画　　141
湖沼　　82, 90
ごみ　　1, 3, 6, 97
ごみ焼却　　3, 99
ごみ処理費用　　109
コロンボプラン　　139

【さ】
最終処分　　99, 100
再生資源の利用の促進に関する法律　　104
裁定　　76
参加　　172, 194
産業公害事前調査　　112
産業廃棄物　　98, 100
産業廃棄物課税　　109

【し】
事業活動　　181
資源の有効な利用の促進に関する法律　　104
資源有効利用促進法　　104
史蹟天然記念物保存法　　13
自然海岸　　81
自然環境　　33
自然環境保全基礎調査　　86
自然環境保全基本方針　　86
自然環境保全地域　　90
自然環境保全法　　85, 86, 96, 172
自然公園法　　14, 84
自然再生　　94, 96
自然再生推進法　　94
自然保護　　11, 95
自然保護憲章　　87
自然保護条例　　44
持続可能な開発　　103, 131, 133
持続可能な開発と事業活動　　165

持続可能な開発のための環境保全イニシアティブ　144
下出し規制　59
自動車騒音規制　158
自動車排出ガス規制　158
自動車リサイクル法　107, 134
し尿　1, 3, 6, 97
地盤沈下　28
四阪島　11
従量制　109
種の保存法　93, 153
狩猟法　13
循環　172, 194
循環型社会　107, 108
循環型社会形成推進基本計画　108, 110
循環型社会形成推進基本法　107
使用済自動車の再資源化に関する法律　107
昭和電工鹿瀬工場　25
食品循環資源の再生利用等の促進に関する法律　106
食品（廃棄物等）リサイクル法　106
新環境ODA政策　143
人工海岸　81
新産業都市　16, 38
新生物多様性国家戦略　94
神通川　26, 27
新日本窒素水俣工場　24
森林原則声明　152
森林法　12

【す】
水産物被害　29, 32
水質汚濁　5
水質汚濁防止法　36
水道原水汚染　31

スクリーニング　119
スコーピング　122

【せ】
清掃法　97
成長の限界　129
政府開発援助　140
政府開発援助大綱　143, 145
政府開発援助に関する中期政策　150
生物多様性国家戦略　94, 154
生物多様性条約　94, 154
西暦2000年の地球　130
絶滅のおそれのある野生動植物の種の保存に関する法律　93, 153
絶滅のおそれのある野生動植物の譲渡等の規制に関する法律　93, 153
セリーズ原則　165
専門家派遣　146
戦略的環境影響評価　125

【そ】
騒音　4, 5
総量規制　53

【た】
第一種事業　120
大気汚染　3, 4
大気汚染公害訴訟　70, 71
第二種事業　120

【ち】
地球温暖化対策の推進に関する法律　136
地球環境憲章　166
地球的規模の環境問題に関する懇談会　131
地方・地方自治体・地方公共団体　42, 45,

索 引 227

58, 114, 118, 122, 123, 177
地方分権推進法　179
仲裁　76
鳥獣　82
鳥獣の保護及び狩猟に関する法律　13
鳥獣猟規則　12
調停　76

【て】
デポジット制度　109

【と】
東京　1, 4, 5, 19, 28, 32
東京都工場公害防止条例　32, 42, 155
東京都都市公害紛争調整委員会条例　32
東京・横浜喘息　21
銅製錬　9
東邦亜鉛　38
特定家庭用機器再商品化法　105
特別管理廃棄物　102
都道府県立公園　90
苫小牧東部開発計画　115
富山　26, 27

【な】
ナイロビ宣言　130
南極アザラシ保存条約　152

【に】
新潟県阿賀野川流域　25
新潟水俣病　40
21世紀に向けた環境開発支援構想　144
2000年目標　152
日光太郎杉事件　34
日本環境安全株式会社　57

人間環境会議　141
人間の安全保障　145

【の】
農産物被害　29, 32

【は】
廃棄物処理法　100, 101, 102
廃棄物の処理及び清掃に関する法律　99
バルディーズ原則　165
半自然海岸　81

【ひ】
東駿河湾　38
東駿河湾開発　155
干潟　81, 90
日立鉱山　10

【ふ】
ファクター10　166
ファクター4　166
フロン回収破壊法　134
文化財保護法　13

【へ】
別子銅山　10

【ほ】
保護林　12
本州四国連絡橋　83, 115
本州製紙江戸川工場　31, 35

【ま】
マニフェスト　102
マラケシュ合意　135

【み】

水俣病　　24, 36
水俣病関西訴訟　　73
水俣病総合対策事業　　73
水俣病訴訟　　36, 72
南アルプススーパー林道　　34, 83

【む】

無過失責任　　60, 160
むつ小川原開発　　115
村田銃　　12

【め】

メチル水銀化合物　　24

【も】

目標2000　　152
モントリオール議定書　　133

【ゆ】

油臭魚　　31

【よ】

容器包装廃棄物の分別収集及び再商品化の
　　促進等に関する法律　　105

容器包装法　　105
横出し規制　　59
横浜喘息　　22
横浜方式　　45
四日市　　21, 22, 23, 43
四日市市公害関係医療審査会　　43
四日市喘息　　21, 41
世論　　62
四大公害裁判　　39, 159

【ら】

ラムサール条約　　153

【り】

リオデジャネイロ宣言　　133
リサイクル　　99
リサイクル関係法　　109

【れ】

連合公害審査会　　74

【わ】

ワシントン条約　　92, 152
我ら共有の未来　　130

■著者略歴

井上　堅太郎（いのうえ　けんたろう）

1941 年　岡山県生まれ
1964 年　岡山大学工学部卒業
1966～1996 年　岡山県庁で環境行政に携わる。
1978 年　医学博士
1996 年～1997 年　JICA 専門家（エジプト政府派遣）
1997 年～現在　岡山理科大学社会情報学科教授

日本環境史概説

2006 年 8 月 20 日　初版第 1 刷発行

■著　者──井上堅太郎
■発 行 者──佐藤　守
■発 行 所──株式会社 大学教育出版
　　　　　　〒700-0953　岡山市西市 855-4
　　　　　　電話(086)244-1268代　FAX(086)246-0294
■印刷製本──モリモト印刷㈱
■装　丁──原　美穂

Ⓒ Kentaro INOUE 2006, Printed in Japan
検印省略　落丁・乱丁本はお取り替えいたします。
無断で本書の一部または全部を複写・複製することは禁じられています。

ISBN4－88730－703－9